中国科普大奖图书典藏书系

百感交集

人类感觉之谜

王 欣◎著

长江出版传媒 湖北科学技术出版社

图书在版编目（CIP）数据

百感交集 ： 人类感觉之谜 / 王欣著. -- 武汉 ： 湖北科学技术出版社，2021.8

（中国科普大奖图书典藏书系 / 叶永烈，刘嘉麒主编）

ISBN 978-7-5352-9338-1

Ⅰ. ①百… Ⅱ. ①王… Ⅲ. ①感觉－通俗读物 Ⅳ. ①B842.2-49

中国版本图书馆 CIP 数据核字(2020)第 139777 号

百感交集 ： 人类感觉之谜

BAIGANJIAOJI RENLEI GANJUE ZHIMI

责任编辑：高　然　万冰怡　　　　封面设计：胡　博

出版发行：湖北科学技术出版社　　　　电话：027-87679468

地　　址：武汉市雄楚大街 268 号　　　　邮编：430070

（湖北出版文化城 B 座 13-14 层）

网　　址：http：//www.hbstp.com.cn

印　　刷：武汉市首壹印务有限公司　　　　邮编：430013

710×1000　1/16　　14.75 印张　2 插页　290 千字

2021 年 8 月第 1 版　　　　2021 年 8 月第 1 次印刷

定价：38.00 元

总 序

ZONGXU

我热烈祝贺“中国科普大奖图书典藏书系”的出版！“空谈误国，实干兴邦。”习近平同志在参观《复兴之路》展览时讲得多么深刻！本书系的出版，正是科普工作实干的具体体现。

科普工作是一项功在当代、利在千秋的重要事业。1953年，毛泽东同志视察中国科学院紫金山天文台时说：“我们要多向群众介绍科学知识。”1988年，邓小平同志提出“科学技术是第一生产力”，而科学技术研究和科学技术普及是科学技术发展的双翼。1995年，江泽民同志提出在全国实施科教兴国战略，而科普工作是科教兴国战略的一个重要组成部分。2003年，胡锦涛同志提出的科学发展观既是科普工作的指导方针，又是科普工作的重要宣传内容；不是科学的发展，实质上就谈不上真正的可持续发展。

科普创作肩负着传播知识、激发兴趣、启迪智慧的重要责任。“科学求真，人文求善”，同时求美，优秀的科普作品不仅能带给人们真、善、美的阅读体验，还能引人深思，激发人们的求知欲、好奇心与创造力，从而提高个人乃至全民的科学文化素质。国民素质是第一国力。教育的宗旨，科普的目的，就是为了提高国民素质。只有全民的综合素质提高了，中国才有可能屹立于世界民族之林，才有可能实现习近平同志提出的中华民族的伟大复兴这个中国梦！

新中国成立以来，我国的科普事业经历了：1949—1965年的创立与发展阶段；1966—1976年的中断与恢复阶段；1977—

1990年的恢复与发展阶段；1991—1999年的繁荣与进步阶段；2000年至今的创新发展阶段。60多年过去了，我国的科技水平已达到"可上九天揽月，可下五洋捉鳖"的地步，而伴随着我国社会主义事业日新月异的发展，我国的科普工作也早已是一派蒸蒸日上、欣欣向荣的景象，结出了累累硕果。同时，展望明天，科普工作如同科技工作，任务更加伟大、艰巨，前景更加辉煌、喜人。

"中国科普大奖图书典藏书系"正是在这60多年间，我国高水平原创科普作品的一次集中展示。书系中一部部不同时期、不同作者、不同题材、不同风格的优秀科普作品生动地反映出新中国成立以来中国科普创作走过的光辉历程。为了保证书系的高品位和高质量，编委会制定了严格的选编标准和原则：①获得图书大奖的科普作品、科学文艺作品（包括科幻小说、科学小品、科学童话、科学诗歌、科学传记等）；②曾经产生很大影响、入选中小学教材的科普作家的作品；③弘扬科学精神、普及科学知识、传播科学方法，时代精神与人文精神俱佳的优秀科普作品；④每个作家只选编一部代表作。

在长长的书名和作者名单中，我看到了许多耳熟能详的名字，备感亲切。作者中有许多我国科技界、文化界、教育界的老前辈，其中有些已经过世；也有许多一直为科普事业辛勤耕耘的我的同事或同行；更有许多近年来在科普作品创作中取得突出成绩的后起之秀。在此，向他们致以崇高的敬意！

科普事业需要传承，需要发展，更需要开拓、创新！当今世界的科学技术在飞速发展、日新月异，人们的生活习惯和工作节奏也随着科学技术的进步在迅速变化。新的形势要求科普创作跟上时代的脚步，不断更新、创新。这就需要有更多的有志之士加入到科普创作的队伍中来，只有新的科普创作者不断涌现，新的优秀科普作品层出不穷，我国的科普事业才能继往开来，不断焕发出新的生命力，不断为推动科技发展、为提高国民素质做出更好、更多、更新的贡献。

“中国科普大奖图书典藏书系”承载着新中国成立60多年来科普创作的历史——历史是辉煌的，今天是美好的！未来是更加辉煌、更加美好的。我深信，我国社会各界有志之士一定会共同努力，把我国的科普事业推向新的高度，为全面建成小康社会和实现中华民族的伟大复兴做出我们应有的贡献！“会当凌绝顶，一览众山小”！

中国科学院院士
华中科技大学教授 杨叔子 二〇一二.九.廿八

感觉知多少

斯卡因患有先天性白内障，他自己并不知道这一点。6 岁时，他和另一个孩子玩耍。那个孩子抛一个球给他，说："当心球要击中你了！"这个球确实击中了斯卡因，斯卡因极为迷惑不解，他问母亲："比尔怎么在我之前知道将要发生的事？"

母亲叹了口气，她所害怕的事终于发生了。"孩子，坐下。"她温柔地说道，同时抓住他的一只手，"我不可能向你解释清楚，你也不可能理解清楚，但是让我努力用这种方式来解释这件事。"她把他的小手握在手中，开始数手指头。

"1——2——3——4——5 这些手指头代表着人的 5 种感觉。"她说着，顺次捏着斯卡因的每个手指，"这个手指表示听觉，这个手指表示触觉，这个手指表示嗅觉，这个手指表示味觉……这个手指表示视觉。这五种感觉的每一种都能把信息传送到你的大脑。"她把那表示视觉的手指弯起来，按住，使它处在斯卡因的手心里："你和别的孩子不同，因为你仅仅用了 4 种感觉，并没有用你的视觉。现在我要给你一样东西。你站起来。"

斯卡因站起来。他的母亲拾起他的球。"现在，伸出你的手，就像你将抓住这个球。"她说。斯卡因抓住了球。

"好，好。"母亲说，"决不要忘记你刚才所做的事，孩子，你能用 4 个而不用 5 个手指抓住球。如果你由那里入门，并不断努力，你就能用 4 种感觉代替 5 种感觉，抓住丰富而幸福的生活。"

这是个感人的故事，充满了母爱和智慧——然而作为一个科学工作者，我要说的是：人远远不止拥有这四五种感觉，感觉的繁多超过我们的想象。

你可曾看见天的蔚蓝、听见风的舞动、嗅到花的芬芳、触到草的柔软、尝到水的甘甜？你可曾记得炉火的温暖、盛宴的饱足、拥抱的喜悦、熟睡的迷蒙……那些环绕在我们身边的点点滴滴，是怎样激起内心的涟漪？

感觉将我们与世界的连通，带给我们生命的活力和美好的感受。然而，我们时常忽略它们，或滥用它们。希望这本书能令你明白——拥有这一切感觉的我们是多么幸运，善用它们，就能握住幸福而快乐的人生。

目 录

第一章　视觉——缤纷世界的影像

《圣经》上记载，神说“要有光”，于是就有了光。

光是什么——光子组成的电磁波，可在真空、空气、水等透明物质中传播。迄今为止，人们仍无法彻悟它那不可思议的波粒二象性，更不可思议的是，我们竟能接受从天而降的光，以此作为最主要的信息来源。

进化论的观点认为，视觉的雏形是模糊的光感。亿万年前的海洋生物，在黝黑的海底看见了模糊的光影，它们好奇地向着光线明亮的地方移动，发现那里有更多的温暖、更多的食物。较早拥有感光能力的是一种叫“眼虫”的单细胞原生生物。它的身体在显微镜下看起来，就像一只细长的丹凤眼拖着一根长长的鞭毛。鞭毛基部有红色“眼点”，乃是感受光线的部位。根据“眼点”的感光作用，眼虫随时调整运动方向，趋向适宜的光线。

有个笑话说，两只水母撞到一起，水母甲叫道：“搞什么嘛！你游泳不长眼睛啊？”水母乙问：“什么是眼睛啊？”水母甲说：“我也不知道，上次和别人撞到的时候他这样骂我的。”可真是小看水母了，它是有眼睛的，只是长的位置很隐蔽——在每个触手的根部。水母眼睛的感光机制与人类相似，编码其结构的 Pax 基因被认为是各种眼睛的共同起源。

蜻蜓凸着大大的复眼，炫耀地在水面穿梭。每个复眼包含了 2 万个左右的单眼，由此感受到 2 万个明暗不同的光点。成像原理如同报纸上喷绘出的黑白照片，清晰度就由单眼的数目来决定。复眼的优势在于：视角大，几乎可以看到 360° 的空间范围；灵敏度高，能快速分辨近距离物体的位移。这些特点被用到仿生学，就出现了广角监视装置、相控阵雷达、全息摄影系统等高科技产品。

鱼类的眼睛大而无神。你一定听说过鱼目混珠的故事吧？鱼的晶状体特别圆，而且没有弹性，最多看到前方15米的水域。绝大多数的鱼还没有眼睑，不能眨眼，好在它本身就泡在水中，不需要像我们一样靠眨眼来涂抹泪液，保持眼球的湿润。从其他结构上看，鱼眼已经非常接近人眼了，那层宝贵的角膜，甚至能移植到失明者的眼球上呢！

鸟儿的眼睛非常灵活，视力之好令飞行员也望尘莫及（部分鸟儿夜盲则另当别论）。鸟眼最奇特之处是长着前巩膜角膜肌和后巩膜角膜肌，能迅速改变角膜和晶状体曲度，完成瞬间调焦。鹰的视力比人类高8倍，它在万米高空发现猎物后立刻俯冲，以迅雷不及掩耳之势抓住田鼠或麻雀，调焦之快令人惊叹。鹰眼的犀利还在于含硒丰富，硒能消除对眼睛有害的自由基，从而保护眼睛。我们若想效仿鹰的眼力，不妨多吃含硒丰富的宁夏枸杞等食物。

人的视力较之动物并不逊色，在没有月亮的夜晚，能看见30千米外一根燃烧的火柴。人眼有很强的适应性，能在正午阳光直射下看报纸，也能就着萤火虫的微光读书，两种背景下的照度相差10^8倍之多。人眼非常灵活，每天开合转动数千次，配合面部肌肉做出各种表情。“水是眼波横，山是眉峰聚。欲问行人向哪边？眉眼盈盈处。”这道灵动的风景，有时也是可怕的。记得上解剖课的时候，最惊悚的一幕就是看见白瓷盘中血淋淋的眼球——后来才知道是猪的眼球！此后我对于眼科大夫格外敬佩，等实习转到眼科的时候，就把眼球里外看了个仔细。

眼睛里的秘密

让我们反观自身，从这双眼眸看进去。

眼球外层覆盖着透明的角膜和瓷白色的巩膜，角膜用来折光，巩膜起到支撑和保护作用。光线穿透角膜，照见里面清澈的房水（提供营养给眼内组织的液体，也参与折射光线）。经过角膜和房水折射的平行光汇聚成光束，穿过虹膜中央的瞳孔。虹膜如它的名字一样，可以是五颜六色的，包括蓝色、绿色、琥珀色、铅灰色、淡紫色……黄种人的虹膜多为棕褐色，是因为虹膜外层含有较多的黑色素。西方人的蓝眼珠并非含有蓝色色素，而是含的黑色素少，光线散射照成。虹膜的作用是调节瞳孔的大小，一如相机的光圈。在它的基质层，分布有环形的瞳孔括约肌和辐射状的散瞳肌，能根据光线强弱、情绪变化来调节瞳孔孔径。中午时分，瞳孔会发生收缩，让进入瞳孔的光线减少，于是我们觉得阳光没有那么刺眼。傍晚天色昏暗之后，瞳孔便会放大，进入瞳孔的光线增多，眼睛的分辨能力得以增强。瞳孔可以比喻成心灵的窗户，高兴的时候，瞳孔因交感神经兴奋而散大，于是炯炯有神地打量面前的人或物。厌倦的时候，瞳孔因副交感神经兴奋而缩小，恨不得“对面不相识”。据说精明的商人可以通过顾客瞳孔的变化判断他对货物的喜爱程度，谈判专家也会刻意观察对方的瞳孔，因为人可以掩饰面部表情，却无法指挥瞳孔。

穿过瞳孔的光线遇见了晶状体，它就像是一面悬于瞳孔正后方的凸透镜，对光线再次进行强有力的折射。晶状体中央厚、周围薄，其凸起的弧度由悬韧带调节。看近物时，睫状肌向中央收缩，悬韧带松弛，晶状体变凸，折光能力增强；看远物时，睫状肌舒张，悬韧带收紧，晶状体变平，折光能力减弱。我们年轻的时候，晶状体弹性很好，看远看近随心所欲。年纪大了之后，晶状体的弹性会下降，于是出现了所谓的“老花眼”，无法在看近物时达到正常的折光效果。有些人想当然地认为，近视的人年纪大了之后不会再老花。其实，两者产生的原因不同，不能完全抵消，这类人士是既近视又老花，但是近视的度数可以在一定程度上减轻。

光线透过晶状体继续前进，遇到一大团胶冻状的玻璃体。玻璃体无色透明，对眼球起填充作用，同时也折射光线。光线经过4次折射之后，终于聚焦在视网膜上。视网膜起源于胚胎的神经管，也可以说是脑的外延部分或称外周脑，视网膜本身就是由大量感光细胞构成的复杂网络。它像布满了星斗的夜空，在黑暗中熠熠生辉。那些“星斗”——尖的叫视锥细胞，用来感受明亮的光线；长的叫视杆细胞，在昏暗的光线中感觉物体的轮廓。700 万个视锥细胞和 1.2 亿个视杆细胞集中于两只视网膜的方寸之地，比电视机和照相机的构造精细多了。

光电换能

光线经过视网膜的感光细胞，变成了感受器电位，这个过程称为“光电换能”。换能原理非常复杂，以视杆细胞为例，首先，感光色素视紫红质吸收光子，化学结构发生改变。未感光的视紫红质呈紫红色，感光后的视紫红质呈乳白色，很像照相机胶卷的感光过程。这个原理有时在破案中会起作用：假如受害人在暗处而凶手在明处，受害人的视网膜上可能留下凶手的影子！感光色素经过感光后，激活在细胞内信号传导途径中起着重要作用的G蛋白，G蛋白随之激活PDE（磷酸二酯酶），PDE使cGMP（环鸟苷酸）水解，导致视杆细胞膜上的cGMP门控Na^+通道关闭，形成超极化感受器电位。感受器电位的形成意味着“光能”转变成“电能”，以电能的形式在神经纤维上传导。

视锥细胞的换能机制与视杆细胞相似，不同之处在于，视锥细胞含有感受红、绿、蓝色光三原色的感光色素，分别吸收 3 种不同的光谱。感红光色素受刺激时将获得红色觉，感绿光色素受刺激时将获得绿色觉，感蓝光色素受刺激时将获得蓝色觉。感红光色素和感绿光色素受刺激时将获得黄色觉，感红光色素和感绿光色素受刺激时将获得紫色觉，3 种感光色素受刺激时，看到更加丰富的粉紫、湖绿、灰蓝、玫红……而 3 种感光色素受等量刺激时，感受到的是白色。视锥细胞只能在较强的光照下发挥作用，因此到了白天，万物色彩纷呈，大地光彩重生。视杆细胞则是在弱光下起作用，它的分辨率低且没有色觉，但是可以将光信号汇集和放大，到了夜晚方显身手。

视网膜上除了视锥细胞和视杆细胞之外，还有双极细胞、无长突细胞、神经节细胞构成的“集成电网”。它们将视锥细胞和视杆细胞“光电换能”后形成的感受器电位，加工后汇聚到视神经上。视神经就像一股粗壮的电缆，携带着视觉信号穿出视网膜，穿过眼球的附属结构，进入颅腔，沿着视交叉、视束、外侧膝状体一路上行，终止于视皮层。在视皮层，视觉信息将被加工整理，形成真正的视知觉。

视神经穿出视网膜的部位，是没法安置感光细胞的，于是构成了生理盲点。一场车祸中，肇事司机坚持称被撞倒的行人落入了他的盲点。这是不可能的。因为人类的两只眼睛相互代偿，左眼的盲点投射区被右眼补偿了。而且眼球不停地运动，行人不可能始终处于狭小的盲点投射区中。即使单眼凝视正前方不动，大脑也会对视觉图像进行处理，让人忽略盲点的存在。单眼凝视正前方不动，盲点投射区的物体是看不见的，大脑“忽略”了这个看不见的区域，让你在主观上不知道自己有盲点。你可以用一个简单的实验发现自己的盲点：本页下方有玫瑰花和蝴蝶，请把玫瑰花放在右眼的正前方50厘米处（手臂伸直），遮住左眼，右眼凝视玫瑰花，这时右眼余光会看见蝴蝶。将书缓慢拿近，而眼球不要转动，忽然之间，蝴蝶奇迹般地消失了，继续拿近，蝴蝶又出现了。你看不见蝴蝶的时候，蝴蝶就在你右眼的盲点投射区范围内。

视觉对人类的意义

人类文明的进程中,视觉发挥着不可替代的重要作用。与人类同时进化或更早进化的各类动物,发展得比人类完备的感官应为嗅觉,听觉也十分敏锐,而人类的利器则是视觉。在与人类体重相似的动物中,没有任何一个物种比人类看得更广、更远。虎豹比人类凶猛,但没有人类看得远;大象犀牛看得远,但是身体过于笨重;鹰的视力好,但受限于飞行所需要的轻巧体格。唯有人,能直立起来高瞻远瞩,拥有了更多生存机会,发达的视觉也使人际交流更加密切,形成了人类特有的面部表情。

随着氏族部落的发展,视觉的作用不仅限于延续生命,还在于使生命更加绚丽多彩。3万年前西班牙的洞穴中刻着栩栩如生的岩画,野牛的形象逼真得似乎要奔跑出来,制图和绘画昭示着人类有了记录自然、改变自

然的愿望和能力，有了自我意识和自然意识的觉醒，有了迈向文明的足迹。如今我们要寻访人类起源，只能通过残存的视觉资料去寻觅：镌刻于古埃及墓穴中的神秘符号，雅典娜神庙中的精美浮雕，殷墟中龟甲兽骨的碎片……如同一个个远古的咒语，蕴含着人类的未解之谜。

视觉对近代人类社会的影响渗透于教育、传媒、工艺、建筑、旅游、服装、食品等方方面面，每天都有大量的视觉资讯震撼着我们的眼球。视觉信息的影响力在人类冲突最为集中的战争中表现得尤其突出。第二次世界大战时，德国政府雇用了大批画师绘制宣传画、传单、扑克牌和明信片，一方面调动本国民众的战争热情，另一方面极尽挑拨离间之能事，用英法士兵的妻子被美国大兵蹂躏的色情照片瓦解盟军的斗志，这种攻心计一度使大量盟军士兵无心作战。今天的新闻媒体仍是把照片作为主要的宣传手段，一张照片所带来的冲击力往往胜过千言万语。

对于单独的人类个体而言，视觉所提供的信息量占全部信息量的85%~95%，可想而知是何等重要！失去视觉意味着将失去人生的很多可能，虽然如本书序言中讲的盲童故事那样，视觉障碍可以通过其他感觉来补偿，但是失明带来的不便和痛苦仍是常人难以想象的。对于正在阅读本书的读者来说，无疑享有着健康视觉所带来的便利，需要提防的是关于视觉的种种疾病，它们可能让人生蒙上阴影。

清晰世界的阴影

眼部疾病可谓五花八门，最常见的就是近视。在很多人看来近视不算病，但是它造成的麻烦却不胜枚举。近视多源于长期看近物导致的睫状肌痉挛和眼球变形，使眼球的折光度变大，物体聚焦于视网膜前，在视网膜上形成弥散的光斑从而引起视物模糊。近视的预防很简单——注意用眼卫生、多休息，治疗起来却不容易。最安全的矫正方法是佩戴凹透镜（即近视眼镜），让光线发散，再经眼球折射聚焦于视网膜上。只要视力能矫正到1.0，就可以认为视力是正常的。然而整天佩戴眼镜甚是累赘，不少人于是选择隐形眼镜。隐形眼镜也是一种凹透镜，直接戴在角膜上，不影响美观和运动，但是长期佩戴隐形眼镜容易诱发炎症和角膜擦伤等并发症，18岁以下、40岁以上人群更要慎重。最一劳永逸解除近视的办法是准分子激光角膜切削术，即通常所说的激光手术。手术时先切开一层角膜，将角膜基质暴露出来，然后用激光在角膜基质上打出凹面，相当于在角膜里面佩戴了一副凹透镜。近年来激光手术开展广泛，效果尚好，但远期疗效尚不确定（该手术方案问世迄今30年），患者对此应有充分的思想准备。

沙眼是常见的眼科传染病，由沙眼衣原体通过接触传播而导致。病人眼部有异物感、畏光流泪、泪液中有黏液，检查则发现眼结膜有滤泡增生、粗糙不平，严重时可导致倒睫、角膜混浊，甚至失明。类似的眼科传染病还

有传染性结膜炎（红眼病）、睑腺炎（麦粒肿）、角膜炎等，其预防措施大同小异——不要用手揉眼睛，不要共用洗脸毛巾。治疗这些眼科传染病常使用眼药水或眼膏，值得注意的是，不少人眼睛不舒服马上用滴眼液，这是不好的习惯，容易造成药物依赖或感染。

患青光眼的病人眼睛“发亮”，是因为眼球结构改变使房水流动受阻，导致眼压升高、眼球突出。这种病病因复杂、发病迅速、危害性大，病人在急性发作时感到一阵阵眼花、看东西模糊、有彩虹般的光影，可能在24~48小时内完全失明。目前对青光眼主要采取手术治疗，及时就诊效果尚好。

白内障在老年人中较为高发，患者眼珠“发白”，晶状体混浊，看东西时如隔了层毛玻璃一样越来越昏暗。白内障与营养缺乏、紫外线照射、内分泌紊乱等多种因素有关，可谓风险重重，好在它治疗起来比较容易，现代超声乳化技术能轻易将这层障碍解除，而古代中医能用针将晶状体挑落，手上功夫实在了得（有后遗症，不可模仿）。

外伤也是导致失明的重要原因。尖锐的物体刺穿角膜，使房水流出，眼球塌陷。更悲剧的是，眼部穿通伤可能引发自身免疫反应，不仅受伤眼球失明，另一只眼睛也可能逐渐失明，电影《集结号》中的连长谷子地就是这样双目几乎失明。眼外伤如果不那么深，可以通过角膜移植来修复，并且由于角膜本身不含血管，处于相对“免疫赦免”地位，其移植成功率居各类器官之首。目前我国约有280万盲人可由角膜移植复明，但每年有幸做手术的只有5000人左右。愿意捐献角膜的人太少，而“鱼角膜移植”只是特殊病例下的权宜之计，毕竟人与鱼相差甚远，存在组织排斥反应。我们首先能做的还是尽量爱护自己的双眼吧，假如有一天翩然离去，或许目光还能留在这春天里。

明眸善睐最可亲

谁不想拥有一双健康又美丽的眼睛呢？明亮清澈、顾盼生辉的眼睛是面部最灵动的风景，若没有盈盈欲滴的眼波，再标致的五官也显得呆滞生硬。历史上眼睛最美的大概是四大美人中的杨玉环了，“回眸一笑百媚生，六宫粉黛无颜色”，比她更早的美人儿庄姜“巧笑倩兮，美目盼兮”，在《诗经・卫风》中楚楚动人。天生丽质固然难得，后天保护也很重要，我们先从眼部健康说起。学生时代开始就要保持良好坐姿、课间眺望远方、常做眼保健操。居室要有良好的采光，书房的光线更要柔和，适当放置几盆养眼的绿色植物。如果经常使用电脑，应该隔40分钟左右起身走动一下，让眼睛得到放松。看电视的时候距离保持在屏幕对角线的6~8倍，隔30分钟休息片刻。

饮食能增进眼睛的明亮与健康。食物中的硒能滋养晶状体，预防白内障和老花眼，宁夏枸杞的明目效果就来自西北地区土壤中丰富的硒。微量元素铬能滋养角膜，预防近视，含铬丰富的食物包括粗面粉、糙米、肉类、鱼类、水果、蔬菜等。维生素A和胡萝卜素维持夜视功能，保护角膜上皮的完整性，它们主要来自动物肝脏、蛋类、奶类和绿、黄色蔬菜，经常使用电脑的人群尤其要注意补充。钙元素调节眼压，防止眼球变形，是预防近视的帮手。过量甜食则会消耗钙质，使眼压不稳眼球突出，从而导致近视。许多中草药也有明目功效。菊花明目安神，治疗目赤肿痛。绿茶清肝明目，对眼睛酸涩疲劳、近视加深等有很好的缓解作用。决明子治疗目赤肿痛、青光眼、白内障，蒲公英治疗红眼病和麦粒肿，还有桑叶、葛根、柴胡、蝉蜕、栀子、鱼腥草、夏枯草等也是防治眼病的中药。

运动对视力改善颇有助益，伴随着血液循环加强、器官功能提高，眼睛会显得更加神采飞扬——君不见武侠小说里高手，都有着黑如点漆、精光四射的眼睛！各种运动在适度的前提下都值得提倡，尤其值得关注的是登山和羽毛球。登山让我们置身于辽阔的大自然，极目望去天地开阔，身心为之鼓舞，眼部肌肉得到彻底的放松。打羽毛球时眼睛盯着飞行的小球，睫状肌不断收缩和放松，锻炼了眼的调节能力；打羽毛球时后仰的姿势还可防止颈椎病，改善头部供血，对脑力劳动者非常合适。另外，放风筝、慢跑、郊游、钓鱼、太极拳等，都可以在调养身体的同时，令双眼更加有神。

充足睡眠是预防眼部问题的法宝，假如睡眠不足，眼睛就会疲劳、干涩，甚至视力下降。熬夜特别容易引起黑眼圈——因静脉血流不畅造成眼周的色素沉着。晚上 10 点到凌晨 2 点是自身修复的最佳时间，爱护双眼的你需要早一点上床休息。如果有眼部浮肿、眼袋的困扰，注意睡前不要多喝水，将枕头的高度稍稍垫高一点，睡前用无名指轻轻按压下眼睑中部 10~12 次，可改善循环减少积水。

健康且得到细心呵护的眼睛应该是美丽的，如果还不够美，往往和眼球的附属结构有关。这些附属结构功能上作用不大，容貌上影响不小。例如眼睛小，是由于上下眼睑间的裂隙不够；单眼皮，是由于提上睑肌未发出纤维到上睑皮肤；斜视，是由于眼外肌或其支配神经出现问题；肿眼泡，是由于眼底的脂肪组织过厚……诸如此类都可经过外科手术加以美化。当然，手术是有风险的，何况在无比精密的眼部动刀，一定要做非常细致的了解和权衡。

用心看世界

我们非常幸运地拥有了一双明亮的眼睛，用它照见精彩纷呈的世界。清晨，阳光从云层中照射下来，草地上娇艳的鲜花迎风舒展，松鼠在枝头跳跃，云雀轻快地穿梭，大平原上翻滚着金色麦浪，远处的山峦起伏连绵。这美丽的自然界，真像是上苍为人类精心建筑的家园。感知缤纷色彩的色觉无疑是视觉中最为奇妙的部分，要知道猫、狗、牛、羊都是色盲或色弱，我们的双眼却能分辨数千种颜色。色觉对人类有极其重要的意义，它是视觉审美的核心，深刻地影响着人类的情绪。红色最能带来生命的激情，橙色令人感到温暖和饱足，黄色醒目而洋溢着喜悦，绿色使人获得内心的平衡与修复，蓝色是广阔和宁静的化身，紫色优雅而神秘，能缓解疼痛，白色代表了包容、和平、纯洁、公正，黑色是最幽深的颜色，如同黑夜孕育着光明一样，在它静默深邃的背后隐藏着思考与灵性。介于这些色彩之间的各种渐变色，无不诉说着大千世界的神秘力量，那自天而降的万丈光芒。

线条和形状勾画出另一种美。群山壁立剑削斧劈，是雄浑苍凉之美；小桥流水曲径通幽，是柔和婉约之美；叶片层叠脉络蜿蜒，是华丽繁复之美；白鹤飞翔优雅起舞，是洒脱灵动之美。“美”首先是一种视觉艺术，人类自进化之初，就怀抱着对美的欣赏和创造，并以此倾诉着对生存的领悟。

陶器上的蛙纹和鸟纹质朴流畅，折射出原始社会的平等无争。青铜器上的饕餮纹狰狞凄厉，反映出奴隶社会的野蛮强权。马王堆的帛画堆砌着琳琅满目的花鸟鱼虫，散发出天真狂放的浪漫气质。魏晋风流则似一笔飘洒的行草，在入世与归隐间摇曳……不同的民族，不同的时代，审美亦有着不同的内涵，却通过一点灵犀敲打着我们的心门。

美无所不在，几乎每个人在童年期都曾经是艺术家，用蜡笔或彩笔兴致勃勃地写写画画，然而长大之后的现代人对美却有两种极端的方式——要么巧取豪夺，要么视而不见。一方面，从衣着到发型，从室内装修到户外旅行，人们费尽心思地求“美”，小到一包餐巾纸，若非印刷精美便少人问津。电影院里，3D、4D电影的大银幕和特技效果，把观众带入光影迷离的异度时空；电视机、杂志、报纸、路边广告充斥着我们的视野，千方百计吸引眼球。我们的身边涌现出大量化妆品和整容术造就的美女，依稀相似的面孔上看不见纯真的笑容。我们的餐桌上有多少食物经历了“整容手术”，美丽的外表下却含着毒素。为了“美”，人们不断折腾着自己，也不断打量、批评、篡改、涂抹着现实世界，原生态的天空、大海、森林、草原、沙漠、花朵无不在文明的侵袭下改变着面目。

另一方面，人们对于质朴天然的美陌生而麻木。海伦·凯勒在《假如给我三天光明》中写道：我常常想，如果每个人在他成年的早期有一段时间致瞎致聋，那会是一种幸事，黑暗会使他更珍惜视力，寂静会教导他享受声音。我不时地询问我的能看见东西的朋友们，以了解他们看到什么。最近，我的一个很好的朋友来看我，她刚从一片森林里散步许久回来，我问她看到了什么。她答道：“没什么特别的。”如果我不是习惯了听到这种回答，我都可能不相信，因为很久以来我已确信这个情况：能看得见的人却看不到什么。

真正令我们看见这个世界的，不只是眼睛，还有心灵。心灵是明净的，眼睛会带着春日阳光的明媚，映出世间最美的风景。心灵是污浊的，眼睛会被俗世的烟尘所染，汲汲于纷纷扰扰的名利。怎样使用我们的眼睛？这是每个人必须经历的审美历程,愿用一生寻找美的真谛。我亦常想,眼睛是所有器官中最个性鲜明且具有独立性的,不会因为时光变迁而彻底不同。倘若岁月沧桑容颜更替,你我不能幸免,唯愿我们的眼中能盛下更多光明。

第二章　听觉——聆听万物的足音

鲨鱼以每小时40千米的速度冲向猎物，水波拍打着它厚实的胸鳍。这里横贯着一条若隐若现的侧线，正感受着水流的冲击。侧线管内充满黏液，鲨鱼的感觉器神经丘浸润在黏液中。水流的压力通过侧线管上的小孔传递给黏液，引起黏液流动，感觉神经由此获得水流信号并借以搜寻猎物。

侧线感受器是听觉的雏形，鱼鳔起到类似鼓膜的作用，将振动传到内耳球状囊。总体来说，鱼类的听觉很差，只对低频振动起反应，彼此之间不通过这种方式交流。总鳍鱼登陆之后，面对着美丽辽阔的新大陆。在这里，振动引起的声波经由空气向四面八方扩散。声波可以传得很远，可以绕过障碍，可以在黑暗中回响。于是，一股神奇的力量崭露头角——耳蜗慢慢分化，形形色色的耳朵向着天空试探。

两栖动物中，树蛙的听觉相当不错。夏夜里树蛙们交配的时候，雄蛙用咽喉下的内声囊发出悦耳的鸣声，呼唤着雌蛙共度良宵。雌蛙的内耳出现了原始的基底膜，对100~200赫兹范围内的声音最为敏感，这也正是雄蛙叫声的频率。有时不同种类的蛙群聚在一起召开“相亲大会”，靠着美妙的“蛙声”寻找到志同道合的另一半。

鳄鱼是爬行动物中的佼佼者，眼睛后面的防水耳裂保护着它们的内耳，长长的基底膜被外淋巴管分开。它潜伏在泥沼中，似睡非睡，聆听着泥潭周围的风吹草动，时刻准备全力出击。万一不幸被它缠上，唯一的办法就是猛踢它的眼睛或鼻子——这皮糙肉厚的家伙全身仅有的柔软的地方。

鸟类在枝头婉转合鸣，它们拥有高度发达的听觉系统来欣赏旋律。虽然科学家告诉我们，大部分鸟儿的啼鸣是在宣布自己的势力范围，但能以如此的天籁之音进行辩论真让人羡慕。夜行鸟类的听觉更加敏锐，猫头鹰甚至长出了尖尖的耳郭，在没有一丝月光的夜晚，它可以根据田鼠踩着树叶的轻响飞扑下来，一举中的。

哺乳动物的听觉都很灵敏，长长的耳郭向着不同方向转动，进一步分析声音的来源。中耳形成了3根精巧的听小骨，通过杠杆原理增大声压。内耳的耳蜗管也更为发达，内淋巴随着前庭窗膜微微震动。种类繁多的哺乳动物中，听力最好的首推翼手目的蝙蝠，它们的视力高度退化，全凭回声定位来捕捉昆虫。在接近昆虫的过程中，蝙蝠的发声越来越短促而高亢，回声信号构成“声像”不断传达昆虫的即时方位、运动状态、体型质地。在数十万只蝙蝠聚集的山洞内，它们靠回声定位找到自己的家人，并巧妙地避免和同伴撞得头破血流，这是多么了不起的导航技术。

人类拥有更足以自傲的资本——语言识别能力。每一个音节的频率、时程、强度被分解成由电位编码的特征信号，并最终整合成一句带有含义的话语。撇开高度发达的中枢听觉核团不谈，人耳本身的功能也令人叹服——它能感受仅有一个氢原子直径大小的听毛细胞位移，能听到绣花针落地的细微动静。相对于视网膜集成电路般复杂的神经网络而言，听觉感受器的构造极其简单，却能感受极宽频段、极大声压差的信号传入，不得不说是一项精妙的发明。我们的双耳不是漂亮的摆设，它引领我们发现这个世界，倾听万千种奇异声响。

声波在前进

声音从何而来？它不像光，自天而降，它来自大地上各种物体的振动。物体振动会引起四周空气振动，一会儿压缩空气使其变“稠密”，一会儿膨胀空气使其变“稀疏”，形成一系列“疏密波”将振动能量传送出去。这种疏密波就是声波。声波借助空气、水、金属、木头等各种媒介传播，遇见障碍物的时候，声波就发生衍射。

人类能听见的声波频率范围在20~20000赫兹，超过其上限即为超声。除了蝙蝠，金丝燕、海豚、老鼠都能够发出超声，超声频率最高可达120000赫兹。这么尖锐的声音，人耳却听不到，若是听到的话，只怕会被这比划玻璃更刺耳的声音折磨得够呛。不过，超声有很好的方向性，穿透力强，能量集中，在医疗、军事、工农业等领域运用得相当广泛。B超就是临床常用的诊断方法，多用于肝、胆、肾、膀胱、子宫、卵巢等器官的检查。超声进入人体，在组织中传播，在不同组织的界面发生反射和散射，从而获得回声信号并处理成图像。超声碎石更加神奇，发射的超声波聚焦于结石，使结石分子激烈震荡，产生无数微小的气泡，在分子振动中，气泡猛烈爆炸，击碎体内结石。超声还常用于杀菌消毒、测距测速、清洗乳化、金属焊接、资源勘查等方面，可谓技艺超群。

低于20赫兹的声波则称为次声。1883年，印度尼西亚的克拉卡托火山大爆发，巨大的喷发激起强大的次声波，绕了地球3周，在远离火山几万千米的观测站测到了这次次声波，成为世界上对次声波的首次记录。1948年，一艘名为“乌兰格梅奇号”的荷兰货船，在通过马六甲海峡时，突然遇到海上风暴，当救助人员赶到时，船上所有人员都莫明其妙地死了。后经科学家们调查才发现，造成这场海难的罪魁是风暴与海面惊涛引起的次声波，神秘莫测的百慕大三角区发生的悲剧也可能根源于此。50多年前，美国物理学家罗伯特·伍德在伦敦的一家大剧院中播放次声，观众们惊恐万状地逃了出来，如大祸临头一样。次声伤人的秘密在于，它可能与人体内脏形成低频共振，使内脏大受损害。自然界中的次声是大量存在的，只是绝大多数次声达不到对人体造成伤害的能量，而次声武器的敌我不分使其尚难用于战场，但愿人类还是多利用它来预测台风、研究大气结构、跟踪导弹吧。

介于超声与次声之间的就是人耳可听的声音，在200~3000赫兹范围尤其适宜，这也是我们日常说话的声音。声音是否可听还和强度有关，倘若两个人窃窃私语，周围的人就无法听清了。声音强度以分贝表示，30分贝的环境安静得听到自己的呼吸，50分贝是我们正常交谈时的音量，70分贝相当于我们行走在不太繁华的街道上，90分贝如同置身于嘈杂的酒吧，110分贝是飞机起飞时的轰鸣，假如声音继续增强，人会头痛欲裂甚至致聋。分贝是以对数关系进行计算的，所以两个60分贝的声音重叠只等于63分贝，而不是120分贝，这符合我们的感觉。

自然环境中的声音复杂多样，频率和强度随时发生变化，又可分为调频声、调幅声、白噪声（包括各频率段）、粉红噪声（包括某些频率段）等。有些声音悦耳美妙，因为它所包含的频率成倍频程关系，组成了“谐波”。比如钢琴上的中音C，主音频率是262赫兹，同时又有523赫兹、785赫兹以及更高频率的陪音，主音和陪音为倍数增加，于是声音饱满和谐。有些人的嗓音富有磁性，也是因为声音在胸腔、口腔、鼻腔中共鸣后发出了美妙的谐波。

人耳中的甬道

声波向四面八方传播，当它被人耳捕获，就进入了一条深邃幽暗的甬道。这是我们的外耳道，长约3厘米，斜向上延伸。外耳道外面是耳郭，也就是通常所说的耳朵；内面是鼓膜，将中耳和外耳完整地隔开。耳郭发挥集音作用，听力不好的人常把手掌卷起来放在耳郭后上方，相当于增加耳郭的长度，增强集音效果。耳郭内表面凸凹不平，可使声波产生不同方向的衍射，并且在传入过程中有细微的时间差异，对于判断声源方位很有意义，绝大多数哺乳动物的耳郭还会转动，进一步在捕猎和躲避敌害时发挥定位作用。人的这项功能已经退化，但也有个别人靠着天赋异禀或后天练习转动耳郭。

外耳道是声波的必经之路，它的长度不是没来由的。根据物理学原理，如果声波为管长的4倍，就能引起最佳的共振作用。已知外耳道长约3厘米，其4倍为12厘米，而12厘米波长的声波频率恰在3000赫兹左右，即日常语言交流声音频率的上限。这条甬道并非一条直路，而是略带S形，对鼓膜起间接保护作用。“甬道”内表面覆盖着薄薄的皮肤，能分泌耵聍黏附异物，如果经常掏耳朵的话，有可能引起创伤或炎症。

鼓膜位于外耳道的尽头，薄而半透明，形状像一个斗笠。如果你用手电筒照着窥探鼓膜，会发现一条斜形光锥，那是鼓膜中央的凹陷反射出的光线，假如鼓膜发生病变，凹陷倾斜角度变化，光锥就会变形或消失。鼓膜的作用像一面鼓，随着声波一起振动，忠实地把振动频率和强度传入中耳。鼓膜内面紧贴着3块精巧的听小骨——锤骨、砧骨和镫骨，它们光滑精美，是人体最细微的骨骼，彼此构成了杠杆般的结构，根据力学原理将声压放大 1.3 倍。锤骨紧挨鼓膜，镫骨紧挨前庭窗，前庭窗面积是鼓膜的 1/16，于是声压又被增大了 16 倍。这条“气传导”途径的整体放大倍数是令人鼓舞的 22 倍。

假如不通过外耳道，声波也可以直接振动颅骨并沿着骨壁传入内耳，但是丧失了前面所说的增压效应，听到的声音就非常微弱了。贝多芬失聪之后，用嘴含着棍子搭在琴上，从钢琴的颤动中依稀感觉乐曲的旋律，靠的便是“骨传导”。我们听自己说话的声音时“骨传导”较强，而旁人听我们说话或我们听自己录音时，几乎全靠“气传导”，两者的音色略有差异。

前庭窗之后是内耳，内耳包括耳蜗、前庭和半规管。耳蜗与听觉有关，前庭和半规管与位置觉有关。耳蜗像一个蜗牛壳，围绕中轴旋转 $2\frac{3}{4}$ 圈。每一圈“管道”又被两层膜隔成了 3 个“阶”，两边的前庭阶和鼓阶中充满着类似脑脊液的外淋巴，内侧的中阶流淌着类似细胞内液的内淋巴。中阶与鼓阶之间，有非常关键的装置——柯蒂氏器——真正的听觉感受器。它像一把造型夸张的琴，覆盖着一层毛细胞，毛细胞顶端长出纤毛，纤毛插入上方的盖膜。声波传来的时候引起淋巴液流动，使盖膜和纤毛之间发生相对位移，如拨动琴弦一般。纤毛顶端的弹簧门控通道被这股机械力打开，导致带电离子流动，产生感受器电位，完成“声电换能”。耳蜗固然精巧，原理并不复杂，20 世纪 50 年代就有电子耳蜗问世了。它将声音进行滤波分析并数字化为电信号，通过电极刺激听神经，这项发明使许多全聋患者重获听觉。耳蜗属于外周听觉器官，听觉信息经过耳蜗后还要沿耳蜗核、上橄榄核、外侧丘系、下丘及内膝体上传，最终到达大脑皮质听区形成听觉。

听觉研究的里程

听觉中枢核团之间充满了复杂联系，声信号被编码成不同频率的电脉冲并最终完成表达。人类对听觉系统的研究经历了漫长的摸索，才获得了某些有趣的发现，让我们回顾这段历史，一起体验科学家们揭开层层黑箱时的惊喜和惶惑。

早在文艺复兴时期，解剖学创始人维萨里（Andreas Vesalius）就对中耳和内耳结构进行了描述和观察，并发现锤骨、砧骨和镫骨等细小的结构。与其同时代的百科全书式学者吉罗拉莫·卡尔达诺（Girolamo Cardano）将音叉置于门齿，察觉到骨传导现象。18世纪，意大利解剖学家安东尼奥·斯卡帕（Antonio Scarpa）在显微镜下窥探到细如蛛丝的耳蜗神经，在此基础上重要的听觉感受器——柯蒂氏器被年仅29岁阿方索·柯蒂（Alfonso Corti）发现。

上述科学家几乎全是意大利人，他们在听觉器官结构上所做的精细观察为听觉研究打下了坚实的基础，随后又有一批德国科学家对内耳微小的血管、细胞、神经、间隙做了更加深入的描述。1867年，天才的德国物理学家、生理学家、化学家亥姆霍兹（Helmholtz）提出了听觉部位共振学说，他认为耳蜗的基底膜如同安装着一排钢琴键盘，靠不同部位的"琴键"共振来感觉不同频率的声音。当时亥姆霍兹只能借助于音叉、汽笛、玻璃瓶等物体的共鸣推测内耳发生的共振，并没有相应的实验证据。84年后，美国物理学家贝克西（Bekesy）通过实验具体说明了部位原则如何实现。贝克西在显微镜下对人（刚死亡的尸体）和动物耳蜗进行观察，只见声音引起的基底膜波动（行波）从耳蜗底部逐步向蜗顶移动。移动过程中行波振幅是变化的，高频声刺激时最大振幅靠近蜗底，频率降低时最大振幅逐渐移向蜗顶，所谓"琴键"就是不同部位的毛细胞受到行波最猛烈地"敲击"。

耳蜗频率分析机制的提出是听觉研究里程碑式的突破，贝克西(Bekesy)由此获得1961年的诺贝尔生理学或医学奖，成为听觉领域第一个获此殊荣的科学家。声信号最重要的参数就是频率，语言交流也是通过频率变化来完成的，气流通过喉腔时振动声带，声带振动的频率有快有慢，决定了发声频率(音调)的高低。每一个字的音调是不一样的，有人用小提琴不同音调的颤动来模仿人的语言，竟也模仿得惟妙惟肖。

20世纪末，听觉研究最受瞩目的成就是突破了把耳蜗看成“被动的机械装置”这一局限，揭示了活的耳蜗具有主动调控的功能。1978年，英国人坎普(Kemp)成功记录到耳声发射，证明耳蜗能通过机械反馈完成主动调控。1991年，达洛斯(Dallos)等发现外毛细胞能伸缩变形，肯定了具有能动性的外毛细胞是耳蜗主动调控的执行者。外毛细胞的运动是目前听觉研究中最活跃、最令人兴奋的领域之一。显微镜下可以看见：外毛细胞受电刺激时会“跳舞”——发生忽长忽短的变化。这种运动和肌肉收缩的原理完全不一样，它源自外毛细胞独特的细胞骨架和马达蛋白，毛细胞运动使耳蜗主动地对某些声信号进行放大，保证了对有意义声信息的提取，是听觉高灵敏度、宽动态范围、尖锐调谐特征和精确分辨率的必要基础。

目前，听觉研究围绕着整个听觉系统的功能展开，除对生物学和临床医学具有重要意义之外，对语音识别、通信工程、雷达导航、环境监测等都极具价值。听觉系统接受的刺激相对简单，易于调控，其神经通路也基本厘清，它也许会成为我们打开大脑黑箱的一把钥匙，揭示神经元活动的内在规律。小小的神经元叠印着宇宙终极的奥秘，每一缕声波编码着时代的信息，未来世界将在开放声场中生气勃勃地向我们走来。

听力保护

人类幸运地拥有了敏锐的听觉，和大多数动物们相比并不逊色。安静的环境里，我们可以听见钟表的滴答、笔尖的窸窣，甚至自己的心跳。更灵敏的听力似乎没有必要，否则，我们会被淹没在一片噪声之中。假如外界噪声完全消失的话，我们也会因为极度寂静变得烦躁不安。

听觉有着良好的选择性，在喧嚣鸡尾酒会中，我们可以聚精会神地和谈话对象交流，而不受周围杂音的干扰。听觉有着奇特的适应性，钟表滴答滴答的走动刚开始吸引你的注意，过一会儿就变得“充耳不闻”了，当你集中注意力时又可以重新听见。这种适应的原因被认为是传入信息向大脑皮质传递的过程中受到抑制，而并非听觉器官的传入冲动减少。

我们享受着听觉带来的各种资讯，很少担忧听觉的疾病，事实上听觉疾病非常常见，听觉衰老比视觉衰老更为提前。听力下降不仅影响患者获取外界的声信息，还会影响到发声能力，造成交流障碍，从而引发阿尔茨海默病等疾病。据统计，我国目前有 2.41 亿 60 岁以上老年人，其中近半数受到不同程度的耳聋困扰。预防耳聋必须从年轻时代做起：控制噪声污染、控制高脂饮食、健康作息、减少疾病。

MP3 和卡拉 OK 已成为造成中国年青一代听力下降的罪魁祸首。过度声刺激破坏听纤毛，而听纤毛数量有限，不可再生，是不可弥补的损失。过度声刺激对人体的损伤不止表现在听觉方面，它还会引起高血压、胃溃疡、神经衰落、免疫力下降等一系列后果。最极端的例子是，在一项人体实验中直升机从人的头顶上方 12 米处飞过去，受试者当场死亡。

食物过于油腻也会导致耳聋。内耳的血管非常细小，如果出现脂质沉积容易造成供血不足，从而影响听力。饮食能不能改善听力呢？目前尚未发现特效食物，维生素 C、维生素 E 对增强血管弹性有帮助，不妨多吃新鲜的蔬菜水果。中医认为“肾开窍于耳和二阴”，耳部疾病多通过补肾的药物和食物来调理。

紧张忙碌的都市里，突发性失聪是白领一族可能遭遇的梦魇：忽然之间，周围好像覆盖了一层薄膜，什么也听不清，还伴有眩晕和恶心。过度疲劳、压力太大、睡眠不足等都可能引起自主神经系统和内耳异常；经常不吃早饭者出现突发性失聪的比率更大，这种病很像是不堪重负的身体对主人提出的警告。

疾病本身是致聋的危险因素，外耳道阻塞、中耳积脓、听骨链粘连、胆脂瘤等耳科疾病直接影响听力，高血压、糖尿病、慢性肾功能不全、甲状腺功能低下及白血病等均可引起耳聋。某些治病所用的药物有耳毒性，如氨基糖苷类抗生素、大环内酯类抗生素、水杨酸类解热镇痛药、抗癌药、抗疟药、利尿剂等，它们大多因损伤毛细胞或听神经造成病变。

排除以上后天因素之外，我国每年还有 3 万聋儿出生。先天性耳聋无疑是可悲的，他们的世界从来是无声的风景，其致病与遗传基因调控异常、怀孕早期母亲感染病毒等相关。近年热门的毛细胞移植技术、听性脑干电极植入技术、耳聋蛋白质组学和基因调控技术有望为他们带来福音。

语言的力量

我们的双耳最关注的，是奇妙的语言。《旧约》中记载，人类要造巴别塔，塔顶通天插入云霄。耶和华见了，心想：若是他们做成这事，以后还有什么事做不成呢？于是变乱他们的口音，使语言彼此不通，他们便停了工，四散去了——语言的力量可见一斑！语言起源悠远，开始只是些模糊、不确定的音节，大约在2万年前逐步固定下来。此后的文明进程中，形成了5600多种语言，其中使用人数超过5000万的有20种左右，联合国规定使用的工作语言则有6种：汉语、英语、西班牙语、法语、阿拉伯语、俄罗斯语。

语言能力储存在我们最深的记忆里，人若得了阿尔茨海默病或遭遇脑震荡，忘了许多事情，唯独没忘记说话，它早已在日复一日的使用中和我们融为一体。每个人的嗓音又是如此特殊，甚至可以说是独一无二的，在语言交流中发挥着引人入胜的作用。我们是否善用了嗓音呢？人们往往把它看作天赋，很少付出时间精力来训练。有些人声音沙哑暗沉、刻板单调，令人敬而远之，他们真该好好学习发声方法，使声音生动起来。英国前首相丘吉尔年轻时门牙掉光，说话漏风，一开口就脸红。后来他请人做了一副非常合适的假牙并刻苦练习发声技巧，终于能在民众面前发表铿锵有力的演讲，力挽狂澜改变了世界的命运。

当然，"会说话"不仅指"字正腔圆""抑扬顿挫"，而是要清晰地表达出自己的想法并容易被他人接受，这依赖于语言的内容。如今教人说话的书何止成千上万，最简单的法门只有一条——说你想说的话。假如言不由衷，怎能理直气壮？金庸笔下的郭靖笨口拙舌，面对金轮法王却大义凛然、言辞灼灼，皆因他口中所说，就是心中所想，即使是大白话，也有一番不同常人的境界和气势。巧言令色、舌灿莲花的例子也不少。孔子的门生子贡对田常说了一番话，竟达到存鲁、乱齐、破吴、强晋而霸越的结果，语言的功力算是发挥到极限了。

语言需要倾听，倾听看似简单，其实需要注意力高度集中，并适时做出反应。有些病人向心理医生咨询之后，症状很快得到了缓解。其实心理医生并没有做什么，只是倾听了病人的倾诉并表示了理解，而那些病人也许是平生第一次得到了真正的倾听。

音乐的故事

我们的双耳最无法抗拒的，是动人的旋律。在古老的希腊传说中，爱琴海上盘踞着一群妩媚的水妖，唱着魅惑的歌，吸引水手们心神荡漾纷纷跳入海中。有些水手为逃避水妖不惜将鼓膜刺穿，但柔媚的歌声依然传入他们的心里，使他们投身大海。英雄俄耳甫斯经过这里，他坦然无惧地唱起雄壮的歌，水妖们听了，纷纷羞愧地自尽了。这就是音乐的魅力。刚劲有力的歌声可以激起人们满腔热血，在枪林弹雨中勇往直前。缠绵悱恻的音乐让人心神荡漾，犹如蜜蜂坠入蛛网。

中国的音乐也有美丽的传说：黄帝命伶伦制作乐律，伶伦在西山找到了粗细适中的竹子削成竹笛。他吹着笛子，突然有几只凤凰落在身边，凤唱了6个音，凰也唱了6个音，伶伦削出发出这十二个音的笛子，完成了十二律。音律既定，就可以谱曲了。黄帝在泰山会合天下鬼神，制作名为《清角》的乐曲，这首曲子气势万钧，惊动天地。黄帝打败蚩尤之后，又作了一部《棡鼓曲》，也是气势非凡的乐曲。西周时，周公旦制礼作乐，礼乐成为维护宗法制度必不可少的工具，后来周王室衰微，礼崩乐坏，又有孔子不遗余力地重新推行礼乐。与庄严的礼乐相比，中国民乐则显得清新淡雅，韵味悠长。《吴门琴韵》有一曲《捣衣》，古色古香，听过让人抄手望南山，悟出什么勾心斗角都不及茅檐竹舍清净有趣。

西方音乐起源于古希腊，与宗教有着千丝万缕的联系，罗马教皇格里高利一世所编写的《格里高利圣咏》展现着上帝的慈爱和威仪，被基督世界奉为经典。中世纪前期的西方音乐基本上是基督教音乐，到中世纪末期，音乐的发展蔚然成风，歌剧在各地的舞台上展现。从17世纪初的巴洛克音乐开始到现在，西方音乐经历了古典音乐时期、浪漫主义音乐时期、民族音乐时期、印象主义音乐时期、新音乐时期及现代音乐时期，每一个时期都有其各自的风格特点。最为辉煌是巴赫至贝多芬之间的古典音乐时期，被称为“复调音乐之父”的巴赫、“交响乐之父”的海顿、“音乐神童”莫扎特以及贝多芬等都是这一时期的杰出代表。他们的音乐庄严、典雅、深邃、柔美，如同推开一扇窗子，看见漫天的灿烂星光。

古典音乐不仅带来美好的享受，在治疗疾病方面也独树一帜，它像圣水一样洁净着灵魂，医治着尘世奔波的伤痕。维瓦尔第为充满紧张压力的喧嚣尘世带来宁静和美好，巴赫的乐曲帮助催眠和抚平哀伤，海顿的交响曲有镇静止痛的效果，莫扎特的古典乐曲能治疗抑郁症，贝多芬的交响曲振奋人心，肖邦的钢琴曲唤醒爱情，拉赫玛尼诺夫的钢琴曲激发灵感的火光，克拉拉的音乐安抚暴戾，韦伯的歌剧能调节血压，斯美塔纳的音乐开启自闭儿童的心智……常与美妙的音乐为伴，健康和快乐定会日日相随。而今音乐的形式何其多样，爵士、乡村、说唱、摇滚、蓝调、雷鬼、轻音乐、校园民谣……我想，音乐并没有高下之分，能拨动你心弦的歌曲，就是好歌；令你的心灵得到舒展和抚慰的，就是美丽的音乐。

尾　声

有时候，世界太热闹了，充满了各式各样的声音，它们不断刺激着我们的神经，令我们迫不及待地想要逃离。美国的奥林匹克公园也许是世界上最安静的公园，这里可以听到树叶落到地上的叹息和远处霍河的潺潺流水，人们来到这个公园的目的就是寻找自然的宁静。

如果不能漂洋过海去寻找“静土”，我们总可以找到一个相对安静的位置吧？像陶渊明的“结庐在人境，而无车马喧”，像周国平“在海边，有人弄潮，有人戏水，有人拾贝壳，有人聚在一起高谈阔论，而我找一个安静的角落独自坐着，也许看到的大海比那些热闹地聚玩的人更加完整”。

我们渴望声波的潮涌，带来繁花盛开的玎玲。我们等待声波的退潮，留下繁华过后的静谧。这样的安静并非一无所有，而有着无限广袤的真实。我们的内心深处，响应着真正的天籁之音，那开启我们一生的细小而珍贵的声音。

第三章　味觉——快乐盛放的花蕾

史料中这样描绘了古罗马的盛宴："客人们沐浴更衣，穿上专用的'宴服'来到主人府上。奴隶们为客人洗脚，用铜驴奉上餐前小吃——白橄榄果、黑橄榄果、浸在蜂蜜里的睡鼠、罂粟籽、热香肠、李子和石榴米。客人们洗过手之后，硕大肥美的肉食被摆成黄道十二宫的圆盘抬上桌，胡椒汁浇灌在游动的活鱼上，一群画眉鸟从公猪切开的两肋飞出来，天花板上洒下玫瑰花瓣和香水，大水罐里接二连三落下牡蛎和扇贝，蜗牛被放在银烤架上端上桌……饕餮的大餐即将开始，葡萄酒坛倾出醉人的浓香，让赴宴者们提前进入梦幻般的狂欢。"

味觉如此诱人，激发人类蓬勃的快感，品尝食物成为人们享受生活、联络感情、化解矛盾的上佳方式。人类高居食物链的顶端，对各种动植物百吃不厌，即便肚子已经吃饱了，还忍不住精挑细捡再吃几口。

味觉起源要追溯到昆虫纲的苍蝇，其味觉感受器分布于触角、口器、足和产卵器。日本俳句说："不要打哪，苍蝇搓他的手，搓他的脚呢。"温厚之情令人动容。然而，此时苍蝇正用足上的感觉毛囊尝味道呢，脚上的脏东西被搓到饭菜里，实在有害健康。苍蝇尝到了什么味道？它能对甜味起反应，越甜的食物越爱不释"口"。至于它所尝到的甜味和我们尝到的甜味是否一回事，就无法论证了。

鱼的口腔、唇舌、咽、鳃和吻端均有味蕾，能感受酸、甜、苦、咸的刺激。鲶鱼、泥鳅的触须可以辨味，鲤鱼、鳕鱼的全身都布满了味蕾——从这点来看，鱼真是贪吃的动物。鱼的食性复杂，消化功能强大，弯弯曲曲的鱼肠可以达到体长的15倍，传说欧冶子为越王所铸的“鱼肠剑”，剑身细长柔韧，能灵活地曲折弯转，又能瞬间复原锋利无比。

鸟类舌根和咽部长有味蕾，能够分辨味道。虽然味蕾很少，味觉不够敏锐，它们的消化功能却很发达。雨燕的唾液腺富含黏稠的糖蛋白，可以用作筑巢的“水泥”；雌鸽的嗉囊能分泌乳液喂养雏鸽；鸡胃的内壁为坚硬的革质层（鸡内金），适于研磨谷物和种子；雀鹰一昼夜能吃掉相当于体重$\frac{2}{3}$的肉食，绿嘴黑鸭的食物只需30分钟就被消化吸收并排出体外。鸟类惊人的消化能力是与高能耗的飞翔生活相适应的。

哺乳动物的味觉有着惊人的多样性，有些动物的食性很狭，如熊猫和树袋熊；有些动物的食性很广，如大猩猩、狗熊和猪；有些动物能吃腐烂变

质的肉类；有些动物必须吃新鲜的青草。哺乳动物高明之处，是拥有了灵敏的视觉、听觉、嗅觉和有力的运动器官，能积极主动地寻找食物，人类更是掌握了烹饪技术，于是吃饭不再仅仅为了填饱肚皮，而成为动人的味觉交响曲。

口腔中的神秘花园

味觉的奇妙感受来自味蕾，它们像含苞待放的花朵，隐藏在舌头的背面，在口腔黏膜和咽部也有少量分布，人的味蕾总共约有1万个。味蕾顶端有纤毛自味蕾孔伸出，浸浴于唾液中，当食物的化学成分溶解于唾液，就能感觉出味道。“味同嚼蜡”源于蜡的不溶于水。油也不溶于水，本身也是无味的。冰激凌融化之前也是无味的，融化过程中味道逐渐释放出来。

味蕾的纤毛（味毛）怎样感受味道呢？它也是一种换能装置，把食物中化学刺激转换成电能。与前文描述的光—电换能及声—电换能不同，味毛执行的是化学—电换能，具体过程是——食物分子溶于水，接触到味蕾顶端的纤毛，并与纤毛细胞的受体蛋白结合，从而激活G蛋白，导致腺嘌呤环化酶活化，促进了cAMP（环磷腺苷）的合成。被称为第二信使的cAMP改变离子通道的电导，使感受器的细胞膜产生局部电位，局部电位汇合成动作电位后，由味蕾底部的神经纤维传入中枢。

中枢所接受的味觉信息构成了千姿百态的味觉，众多味觉被认为是由酸、甜、苦、咸4种基本味组合而成。4种基础味的换能机制不尽相同，咸和酸的刺激物通过特殊的化学门控通道，甜味主要通过G蛋白和第二信使系统，苦味则两种机制兼而有之。这并不意味着存在专门感受酸、甜、苦、咸的特定味蕾，每一个味蕾都可以对各种味觉起反应，但通常对某一种味道呈现最佳反应。由于反应的不均衡，舌面对各种味觉的敏感度也不一样，舌尖对甜、咸最敏感，舌根对苦最敏感，舌的两侧对酸最敏感。

辣味为什么未被提及呢？辣其实是温度觉和痛觉的复合感觉，我们剥辣椒的时候，皮肤上也会觉得火辣辣的，口腔中的辣来得更为猛烈和奔放。辣味刺激大脑释放脑啡肽，从而产生快感，难怪很多人吃辣成瘾、无辣不欢。辣有祛湿防寒的功效，冬天和雨季不妨吃些辣椒；辣会加重充血和炎症，嗓音工作者、胃溃疡病人就要慎食。相传辣椒起源于美洲，明末传入中国，先到贵州，后到湖南、四川、云南……染红了中国的半壁江山，使当地人的性格也变得泼辣起来。

鲜是一种不错的味道，有人认为它是一种复合味觉，有人认为舌头上存在专门的鲜味感受器。食物中的鲜味成分主要为各种游离氨基酸，如谷氨酸、组氨酸、天冬氨酸、亮氨酸等，含蛋白质丰富的肉类、蛋类、豆类、蘑菇等煮熟了都很鲜，因为加热过程中蛋白质分解成氨基酸渗透出来。

"涩"严格来说不是味道，而是食物成分刺激口腔，使口水中的蛋白质凝固，从而产生一种收敛感觉。涩味通常是不愉快的，果实没有成熟时，大量的单宁涩得难以入口，果实成熟之后，单宁含量就会大为减少，适度的涩感令人寻味。葡萄酒堪称酸甜苦涩的完美结合，单宁柔顺地接触舌尖，带来层次丰富的花果香甜。

调味与健康

食物各有各的味道，烹饪则使这些味道巧妙地融合在一起，带来锦上添花的味觉效果。烹饪最关键之处就是调味，除了充分利用原材料搭配之外，调味品的使用堪称提味增鲜的点睛之笔。鉴于调味品与健康的密切关系，它们日益成为大众关注的热点。

咸是百味中的主味，人们对咸的偏爱或许源于海洋时代的遥远记忆，咸味的来源正是海洋、咸水湖、盐井中晶莹剔透的NaCl结晶。由于人类喜欢咸味，渐渐依赖上盐——其他动物不吃盐活得好好的，人若不吃盐就浑身发软、无法站立了。盐是最常用的调味品，建议摄入量是每人每天少于6克，高血压患者少于4克。我国的平均摄入量比标准高出1倍，越往北方口味越咸，高血压、肾结石患者随之增加。俗话说："盐提百味，亦压百味。"放多放少是很有讲究的，可不能随意向锅中抛撒。

甜是生命之初乳汁的味道，甜的感觉就像童年——快乐、满足、美好、舒适，没有烦恼。西方人习惯用甜点作为美味大餐的压轴戏，东方人用蜜饯、甜羹、酥卷作为茶余饭后的点缀。甜味固然讨人喜欢，多吃却是有害，它所含的精制糖容易引起肥胖、龋齿、近视、免疫力下降等问题，世界卫生组织建议成人的摄入量每天不超过30克，完全不吃甜食对身体无不良影响。一罐可乐（330毫升）就含有39~40克精制糖，一块150克的蛋糕含有20~30克精制糖，面对甜蜜的诱惑必须有所节制。

酸这个字一出现，就令人口舌生津、胃口大开。适度的酸耐人寻味、惹人爱怜，甜中带酸的感觉更是犹如初恋的味道。但是，酸毕竟来自H^+，有一定的腐蚀性，太酸的东西口腔和胃都受不了。酸的调味品主要是醋，醋可杀菌、解腥、软化血管、促进消化，适当使用有益健康，过量则会伤害肾脏、关节和消化系统。相传唐太宗劝房玄龄纳妾，房玄龄惧内不敢，唐太宗便赐了一坛“毒酒”给房夫人。房夫人举起酒坛一饮而尽，饮罢才知道是醋。可叹她勇敢捍卫家庭幸福，却留下“吃醋”的名声，有没有当场吐血也很难说。我辈要引以为鉴，每人每天吃醋不超过20毫升。

苦味令人皱眉，避之唯恐不及，但世上还真有人自讨苦吃。云南的基诺族人，常常吃苦凉菜、苦果汤、牛苦肠，样样苦不堪言。阿拉伯人除了喜欢喝苦茶，还用牛胆汁作为调味品。此外还有苦菊、芜菁、苦笋、苦荞、苦瓜、蒲公英、仙人掌……经常出现在我们的餐桌上。淡淡的苦味解暑降温、宁心安神，浓重的苦味则是有毒的警报，人和动物在进化过程中，正是利用苦味来分辨有毒食物。常言道：“是药三分毒。”苦药都有一定毒性，不能当菜吃，苦味食物也不能多吃。

鲜味令人神往，历代厨师为之呕心沥血。相传易牙把鳖和羊放在一起煮，尝了一口汤，禁不住说：“真鲜啊！”鲜字由此而来。如今就不用费尽心思地调配了，只要用些味精、鸡精，立马就能“清水变鸡汤”。味精和鸡精的主要成分都是谷氨酸钠，在人体中会转变为谷氨酸和钠盐，有益无害。但不宜多吃，因为过量的谷氨酸会降低人体对锌的利用，导致体内缺锌。谷氨酸钠在70~90℃时效果最好，高温会产生轻微毒性，因此最好在菜肴关火起锅时加入。调料增鲜固然方便，却为真正的美食家不屑，世间食物原本有各自的味道，岂能用这千篇一律的调味品，掩盖了“清水出芙蓉”的天然滋味。

说罢常见的调味品，烹饪油的作用也不容小觑。油脂使食物中的鲜味成分充分渗透出来，使食物更加酥软可口、丰腴滑腻。中国菜以“炒”见长，烹饪油的用量是偏高的，而高脂饮食易引起肥胖、胆结石、脑梗死、冠心病等诸多疾病，其适宜用量是每人每天25~30克（单指烹饪用油），快把你家的油瓶换成带刻度的量杯吧。

美食掠影

数不清世上万千种食物，也不知道今生能吃到多少。所幸生在中国，这个高度崇尚美食的国家，地域宽广人口众多、美食佳肴层出不穷。中国的八大菜系首推鲁菜，历史悠久、滋味鲜咸，代表作“奶汤蒲菜”乳白浓郁、脆嫩鲜香。川菜流传最广、菜式繁多，素有“一菜一格、百菜百味”的美誉，其中“鱼香肉丝”最为大众熟悉。苏菜松软可口、咸甜适中，著名的“长鱼宴”用黄鳝制成108样色香味各不相同的菜肴。粤菜原汁原味、身价不菲，多“炖禾虫”之类的野味或海鲜。湘菜具有浓郁的乡土风情，“东安仔鸡”肥嫩酸辣，腊肉和臭豆腐大名远扬。徽菜曾随徽商发迹盛极一时，“黄山炖鸽”取菜鸽和山药隔水炖制而成。浙菜香酥绵软、略带甜味，代表如“西湖莼菜羹”“龙井虾仁”，名字清雅如画。闽菜选料严谨、工艺精良，“佛跳墙”用海参、鲍鱼、干贝等精心煨制。八大菜系之外，还有各地的美食小吃异彩纷呈，等待着你细细地品尝。

异国他乡的美食充满了新奇感。东望，日本寿司以鲜嫩刺身、精美手卷、呛辣芥末吸引着食客，品尝寿司的同时还能欣赏到厨师的高超刀法。西望，印度的咖喱鸡、酸奶拌饭、甩饼传来诱人的浓香，印度寺庙常为数万人免费提供食物，一排排信徒同时用餐的景象蔚为壮观。南望，泰国和马来西亚菜香料繁多、色彩美艳、口感香醇浓厚，“娘惹”菜中的椰浆饭、菠萝焦糖炖蛋、叻沙面线、参巴辣椒酱炒海蟹真是秀色可餐，我见犹怜。北望，有韩国烤肉、朝鲜打糕、蒙古奶茶、俄罗斯罗宋汤，这些不是我的心头好，还是把目光放得更远一点吧。

欧洲美食首推法国菜，法国人平均每天花两个小时吃饭，做饭做菜更是不惜工本。正如法国散文家蒙田所说：“我们最豪迈、最光荣的事业，乃是生活得惬意。”有一杯上好的香槟在手，误了航班又算什么呢？法国菜精致华美，无论昂贵的松露、鹅肝、鱼子酱，还是普通的菠菜、乳酪、牛排，都被厨师制作得精美绝伦、口感细腻丰富。享用一顿地道的法国餐通常要花上四五个小时，虽然程序繁复，却令人乐在其中，尽得视觉、嗅觉、味觉、触觉的妙处。意大利和希腊是欧洲饮食文化的源头，其膳食结构为地中海饮食，以全谷类、蔬菜、水果、豆类和坚果为主，喜欢新鲜、加工少的当季食物，经常食用橄榄油、奶酪、酸奶和红酒，红肉（猪、牛、羊肉）的摄入较少，不容易得心血管疾病。

美洲食物热情奔放，有我们熟悉的汉堡包、热狗、炸鸡、烤火鸡、土豆泥和苹果派，还有中南美的玉米饼、龙舌兰酒、马黛茶、黄米饭、烤肉、赛比切鱼片、用黑豆和各式熏肉小火炖成的费加达（巴西国菜）。澳大利亚是海鲜的天堂，有肥大的皇帝蟹、新鲜又便宜的牡蛎、鲍鱼和龙虾，新西兰则是奶酪王国，生产香滑的山羊奶酪、蓝纹奶酪、马苏里拉奶酪、切达干酪等，搭配新鲜羊羔肉、烤马铃薯，再加上胡萝卜、芜菁就是当地的传统美食。非洲有独具特色的酸麦饼、木薯、椰枣、螺旋藻、猴面包，还有不少稀奇古怪的野味，这片美丽而宽广的大陆，期待着人们合理开发和保护。

味觉保护

世上有那么多食物可供品尝，倘若味觉不好，就太可惜了。电影《加勒比海盗》中，海盗船长巴搏萨和船员们受到诅咒，再也尝不出食物的味道。在生命的最后一刻，巴搏萨恢复了人身却濒临死亡，他向一只苹果伸出手去，眼神中流露出无限的渴望……完全失去味觉是悲惨的，试想一切食物入口后都如同嚼蜡，空洞乏味，人生还有何乐趣？好在极少有人完全失去味觉，常见的是暂时失去味觉或味觉减退。

感冒使鼻黏膜充血、嗅觉减退，食物失去了“香”的诱惑，口感随之下降。不信你捏着鼻子吃苹果，和吃土豆也没有太大差别，捏着鼻子喝葡萄

酒，更如喝凉水一般。感冒严重时还会引起味蕾的萎缩甚至角化，味毛蜷缩不肯露出舌面，味觉变得更加迟钝。不过不要担心，这只是暂时的味觉障碍，感冒治愈后能很快好转。

牙齿健康是味觉好的前提，食物经过充分咀嚼之后成为细小颗粒并溶于水，才能和味毛接触。如果牙齿不好，咀嚼不彻底，难以尽享食物的美味，还会加重胃肠的负担。口腔中的28~32颗牙齿是维系健康的无价之宝，也是青春靓丽的秘密武器。充分咀嚼可以减肥、抗癌、防治糖尿病、减少各种消化道疾病、促进面部血液循环，营养学上建议每餐饭吃15分钟、咀嚼900次。

舌是味蕾的土壤，舌苔增厚或发炎会影响味觉。舌苔由脱落的角化上皮、唾液、细菌、食物碎屑及渗出的白细胞等组成，薄而均匀地平铺在舌面。正常情况下舌苔润泽、干湿适中，如果舌苔颜色厚度分布出现异常，往往是疾病的表征。舌苔发红为内热郁积；红肿如草莓很可能患了猩红热；舌苔发白为虚寒袭表；干涩如雪片提示脾阳衰败。舌头内部有丰富的血管网，血液中的化学成分可能渗透出来引起口腔异味。口苦多见于肝胆疾病，口甜多见于消化系统功能紊乱和糖尿病，口酸多见于消化性溃疡，口咸可能是肾功能下降，神经官能症者常感到口涩，绝经期综合征病人偶尔出现口辣，久病虚弱的人觉得口舌淡而无味。诸如此类的“舌象”包罗万象，是临床医学必不可少的诊断指标。

舌的感觉通过第7、9、10对脑神经传入脑。酒足饭饱之后，这些脑神经放电频率下降，满桌佳肴也觉腻味；饥饿的时候，这些脑神经放电频率明显增高，粗茶淡饭吃得津津有味。假如你味觉不好，索性让自己饿一餐，看看能否恢复味觉和食欲。这方法无效的话，就要检查一下是否体内缺锌。缺锌是味觉减退的常见原因，儿童要注意多吃含锌丰富的牡蛎、鱼虾、肉蛋奶类，老年人也要适当补锌来保护逐渐衰退的味觉。

食与食法

味觉来自生命最本能的诉求，带来最原始的欢乐和满足，人类自诞生之日起就向往着吃饱吃好，“民以食为天”道出饮食在生活中的重要性。祖先们茹毛饮血，生吞活剥。忽然有一天，晴空霹雳击中了森林里的枯树，引起一场大火。人们惊惶逃窜之余，忍不住回到事故现场，发现很多烧死的野兽，取来一尝，味道竟格外的好。于是乎，每逢雷电交加之日，人们就勘察火源、保存火种，以便大啖烤野猪肉之类的鲜肥。可惜这种熟食时断时续，一旦大雨浇熄了火种还得生食。后来，传说中的燧人氏发明了钻木取火，人们才真正告别了茹毛饮血的生活方式，进入了崭新的历史进程。熟食能杀灭细菌，减少疾病，使人类的寿命大为延长；熟食更容易消化吸收，剩余的能量为大脑提供源源不断的补给，使人类的智商也大为提高，完成了从智人到人的惊人飞跃。

到了新石器时代，石案板、陶罐、灶台的出现使烹饪开始成为一门技艺。到了奴隶社会，盐、油、酒、醋、梅之类被用于调和五味，人类开始正式举办宴会了。3000年前的人能吃到什么美味呢？《周礼》中第一次出现八珍的记载，分别是淳熬、淳母、炮豚、炮牂、捣珍、渍珍、熬珍、肝膋。淳熬是将煎好的肉汁浇在稻米饭上，再淋上熟油。淳母是将煎好的肉汁浇在黍米饭上，再淋上熟油。炮豚、炮牂分别是把小猪、小羊宰杀后，在腹内塞满枣果，用苇子包好，涂上草拌泥，放在火上烤，烤熟后再用油锅煎，煎好后在汤汁中煮三天三夜，直到肉烂如泥、香气四溢。捣珍是将牛羊鹿等动物的里脊肉反复捶捣，剔净筋腱，烹熟后调味食用。渍珍是将新鲜牛肉切薄片，浸在美酒中，食用时再以肉汁和梅浆调和。熬珍是将牛羊鹿肉洒上调料，风干后食用。肝膋是将狗肝用肠间脂包好，烤熟后食用。

奴隶社会末期，奢华的盛宴时常在皇宫或贵族府邸中举行，沉湎于美食的人们肆无忌惮地饮酒作乐、纵情狂欢。贵族中甚至流行一种催吐剂，服用后吐得腹中空空，马上再去参加下一场筵席。末日的余晖充满了盛筵将尽的颓废，庞大的帝国不久在战乱中消亡。封建社会是烹饪方法不断发展完善，食物品种不断交流传播的时期。以中国为例，公元前138年，张骞首次出征西域开辟了丝绸之路，陆续引进葡萄、苜蓿、胡桃（核桃）、石榴、胡麻（芝麻）、胡瓜（黄瓜）、胡豆（蚕豆）、胡蒜（大蒜）、胡萝卜等。南北朝至唐朝又引进茄子、莴苣、菠菜、洋葱、苹果、茴香等。南宋至元明时期航海盛行，番茄、番薯（红薯）、番椒（辣椒）、番石榴、番木瓜、玉米、花生、马铃薯、西瓜、南瓜、丝瓜、苦瓜、向日葵等从遥远的南美洲等地经远洋船只输入。洋葱、洋姜、洋芋（土豆）、洋白菜（卷心菜）、花菜、生菜等则在清代引入。随着食物品种的日益丰富，烹饪手法日渐高超，菜肴款式越来越繁多，内容越来越精美。

就吃而言，现在是一个喜忧参半的年代。喜的是酒店餐厅层出不穷、超市里的食品琳琅满目，足不出户就能尝到天下美食。忧的是污染和违禁添加剂的滥用威胁着我们的食品安全。我们究竟应该如何饮食呢？《中庸》说：“人莫不饮食也，鲜能知味也。”不知味的原因，一是不屑于关注饮食，马马虎虎对付三餐；二是沉溺于饮食，脑满肠肥营养过剩。我们要建立正确的饮食方法，必须了解各种食物的营养成分，建立平衡膳食的模式，根据自己的体质制订合理的饮食计划。采购、储存食物的过程中，要注意食品安全、避免浪费。烹饪的过程中，要减少维生素的损失、注意菜肴的合理搭配。

味与味道

没有哪一种感觉像味觉这样深入，吃的过程实际就是摄入动植物的营养成分，转化为自身的肌肉骨骼。我们从出生开始就要吃母亲的乳汁，长大些吃母亲做的饭菜，成年后要寻找同甘共苦的另一半，踏入社会后因为各种原因请人吃饭或接受邀请。若是细细一想，人与人的缘分还真是吃出来的。

没有哪一种感觉像味觉这样适于共享，觥筹交错的乐趣远远超过一个人吃独食，酒桌成为最好的联络感情、化解纠纷的地方。西方国家流行下午茶，绅士淑女们穿着典雅的礼服来到茶室或花园，空气中飘洒着淡淡的音乐，缭绕着清甜的花香，铺有纯白蕾丝花边桌巾的茶桌上，用精致的瓷器或银器盛着红茶或奶茶，小推车送出各式各样的茶点，午后的阳光安静地照临……“多年前，一个身体孱弱的法国男子回到家中，母亲要他用热茶水泡玛德莱娜小点心，点心入口，忽然时光倒转，带出隐匿于逝水年华的回忆——在贡布雷度过的童年，美不胜收的乡村风景，他挚爱的祖母，溺爱他的父母、姨妈，忠心又奸诈的女仆，风雅的邻居斯万，才华被埋没的钢琴家凡德纳，神秘且可望而不可即的盖尔芒特公爵夫人……浮生百态融化于小小的点心里，他浑身一震，恍若超尘脱俗，只觉得人生一世，荣辱得失都清淡如水，背时遭劫亦无甚大碍，所谓人生短促，不过一时幻觉。”

中国的思想者又是如何领悟味道呢？从“味道”这个词组来看，就藏着玄机。汉语中除了味觉，没有任何一种感觉能与“道”相连，味觉在感觉中占有特别重要的地位。耳目接受的见闻虽多，却指向外，纷乱繁多，未必真实；味觉指向内，只有亲自品尝才有体悟。味觉成为人体与外界深入契合的桥梁，中医说“心开窍于舌”，更是将味觉与精神领域的活动联系起来。细心的读者有没有发现，感觉的“感”就是“咸”与“心”结合而成呢。中文的“咸”有交通、和谐之义，一则盐易溶于水，如阴阳之交合，二则咸为五味之冠，人人皆宜。“咸”与“心”的结合，扩展为人与人，人与物的交合，当人有心追求这种交合的时候，正是感觉的来源。感是有心之咸，既能像水一样浸润万物，又有着金戈一样坚强的穿透力——是不是很奇妙呢？一个字就有不可道尽的哲理。

味觉如此神奇，属于我们的是怎样的味道？其中奥妙，也只有自己耐心品味了。五味俱全也好，平平淡淡也好，但愿有一天，我们能安然领受这份赐予，微笑着交出自己的答案。

第四章　嗅觉——神秘体验

我居住的这片山，每年桂子初开的时候，总是不见花，只闻见花香漫漫。晴暖的秋日，香气迎面而来，在走廊里穿梭，居然又逡巡不走，让整个楼道都甜馥起来。夜里踏着月色回去，空气中流动着古典而浓郁的桂花精魂，似乎诉说遥远月宫中的往事，尘封的记忆轻轻开启，心弦划过冷冷的回音。

嗅觉——不经意中触动我们的神经，带来淡淡的愉悦、莫名的渴望、过往的忧伤。对于不需要靠鼻子捕猎的人类来说，嗅觉似乎没有实际的用处，失去嗅觉却是值得同情的，一位病人这样描述："我从未想过嗅觉的存在，当我失去它之后，霎时像瞎了一样……你一直在无意识中闻着人们，闻着这个城市，闻着春天，就像潜意识里我们做着很多事一样。失去嗅觉，我的世界忽然变得贫瘠。"

古埃及人很早就深谙嗅觉之重要了，他们在公元前4000年就从热带花卉中提取香精，供奉在神庙的祭坛前。尼罗河两岸庞大的神庙遗址中，至今保留着古代的香精实验室，石壁上刻满美丽的象形文字和浅浮雕绘画，记载着诸多香精和香脂配方。其制作过程如配制魔药般严格而神秘，细致到原料的产地、加入的顺序、加热时间、浸泡方法、使用器皿、成品的色彩和重量都有详细的规定。神圣的香精似乎带着净化灵魂的能力，表达极真挚的敬畏与尊崇，摩西从古埃及归来的时候，上帝命令他进献橄榄和香料制成的圣油；东方三博士朝觐耶稣的礼物，是黄金、没药和乳香，耶稣受难前，一个妇人用玉瓶中贵重的香膏浇他的头。

如此超凡脱俗的香料，有时又扮演着妖媚诱惑的角色，埃及艳后用它征服了罗马两个最骁勇的将领——恺撒和安东尼。据说埃及艳后长得并不特别美丽，却十分懂得如何展现自己的女人味，初见恺撒之时，她以香膏涂抹全身，赤裸着裹在上好的毛毯里，让仆人沿水道抬进他的卧房。当毛毯打开，一股异香扑鼻而来，恺撒还没看清楚人就已心驰神往。她还用特制的玫瑰香膏抹在嘴唇上，当她热烈地亲吻情人之后，留下的香气令别后的恺撒黯然销魂。香气恍惚易逝，却又难以忘怀，仿佛有一条神经从鼻腔通往灵魂的纵深，唤起内心最隐秘的情愫。它激发着人类的野性本能，牵引着人类的纯真向往，悄无声息中展开魔法，留下无以言表的印痕。

鼻腔的幽冥宫殿

如果嗅觉真有魔力，鼻子就是见证这魔力的迷宫，它的外部平淡无奇，内部又深又暗，被鼻中隔和3块鼻甲分隔成崎岖弯弯的狭路，空气进来之后会产生乱流，这正是气味飘忽不定，若有若无的原因。上鼻甲和鼻中隔上部的一小块地方，分布着梭形的嗅细胞。嗅细胞顶端伸出五六根嗅纤毛，突出嗅上皮表面，在鼻腔黏液中漂浮。当气味分子溶于鼻腔黏液，化学门控通道就会开放，嗅细胞底部的嗅丝产生不同频率的神经冲动。嗅丝穿过鼻腔顶部的筛板进入嗅球，这是一个膨大的神经核团，也是神经元的接替站。在这里，嗅丝把电信号传递给第二级神经元，第二级神经元再发出纤维构成嗅束，并投射到嗅结节、梨状皮质和杏仁核等脑区。

嗅觉的具体换能机制迄今众说纷纭，部分原因是引起嗅觉的化学物质太多，很难逐一开展研究。趋于一致的观点是嗅纤毛表面有很多受体蛋白，能与不同的气味分子特异性地结合，进而通过G蛋白使第二信使类物质产生，最后导致膜上某些离子通道开放，Na^+、K^+、Ca^{2+}等离子跨膜流动，从而形成感受器电位。目前认为，嗅觉至少能分辨出7种基本味：樟脑、麝香、花卉、薄荷、乙醚、辛辣和腐腥味。众多的非基本味则是基本味在不同程度上组合而成，人类能分辨2000~4000种气味。

微不可察的气味分子进入鼻腔之后，还有好几条出路。一是随着大股气流进入肺，充满整个胸腔，再透过极薄的肺泡膜进入血液。如果是花朵中的芳香物质倒不打紧，若是有毒的气味分子，就会引起中毒。好在，人体有喷嚏反射等防御机制来抵挡毒气的入侵。二是在咽部转弯进入口腔，附带引起味觉。古人不是说“腊梅香可嚼”吗？我们用餐的时候也重视食物的香味，因为味觉和嗅觉是分不开。三是经由吞咽进入食管和胃肠，气味分子也可以透过肠道上皮进入体内。人体随时和外界进行气体交换，嗅觉从生物学意义来说是对环境的检测，当环境中充满了难闻的气味，一定存在不利于人类生存的化学物质，于是人们迫不及待地想要逃离那里。

嗅觉的特性

较之人体的其他感觉，嗅觉有很多独特的属性。“入芝兰之室，久而不闻其香，入鲍鱼之肆，久而不闻其臭”，说的是嗅觉有快速适应性。动物对嗅觉的利用往往是动态的过程，如搜寻猎物、躲避危险，不需要持久的关注，嗅觉感受器的冲动频率在刺激强度不变的情况下迅速衰减。日常生活中我们喜欢一口一口地吃不同的饭菜，就是无意识地避免嗅觉适应，若是把所有饭菜拌在一起，进食过程中的香味就没有那么诱人了。

嗅觉伴随丰富的情绪体验，芳香的气息令人身心愉悦，腥臭的气息令人烦躁不安，每一种特定的气味都会撩动美妙或不美妙的情怀。这是因为嗅觉信息会上传到杏仁核——隶属于大脑边缘系统的神经核团，与情绪的产生有莫大的关联。从清晨起床开始，我们就被包围在各式各样的嗅觉体验当中，牙膏、面霜、香水、牛奶、面包、阳台上的花朵……正是它们带来新的一天的清新感受。现代人越来越离不开香料，否则化妆品就失去了魅力，巧克力就失去了吸引力，香烟就失去了诱惑力，香水就失去了魔力。至少10%的国民生产总值来自与香味有关的产业，谁能说嗅觉是一种可有可无的感觉呢？

嗅觉最神奇之处是深藏于记忆，一阵熟悉的气息传来，会唤醒心灵深处沉淀已久的往事：孩提时代对未来的憧憬、对微小事物的欣赏、对大自然的喜悦。有时你会觉得时光流转，阳光停驻，静世安好，一切都在可成与未成之际。这灵光闪现的刹那，犹如花香与花瓣的缱绻，亦是那块玛德莱娜小点心上散发的余味。

嗅觉与记忆的联系可以追溯到低等动物，鲑鱼在胚胎期间就接收到大量母体产卵处海底的气味，当它们成年之后，还能根据嗅觉的指引找到原先的海域产卵。人类的胎儿在第 9 周时，嗅细胞已经生出嗅纤毛，嗅觉中枢在 3 个月后开始运作。粗略地估计，胎儿从 5 个月起就可闻到气味。不难想象，溶解在羊水中的母亲体味对胎儿出生后的心智发展及母子亲情有重要意义。嗅觉相关的记忆是模糊的，有时仅仅是一种象征，有个女孩闻过乳香之后头痛恶心，回忆起市场上陈列的死鱼摊子。她从小失去双亲，与哥哥相依为命在孤儿院长大，乳香勾动她不忍卒睹的黯淡童年，那些记忆被埋葬在灰暗的角落，却仍然散发出消极的信号，让她觉得自己不配拥有幸福和成功。神奇的是，在芳香治疗师的引导下，乳香的气味最终带领她勇敢面对记忆的创伤，穿过苦难重新发现生命的美丽。

香料传奇

各种散发出香气的物质都可以称为香料，人们很早就学会从动植物中提取天然香料，萃取自植物的叶片、花朵、树干、种子等部位的精油就是典型的代表。纯正精油十分珍贵，1 吨玫瑰花瓣只能制得 300 毫升精油，被誉为精油界的“皇后”，它温柔抚慰女性的情绪，激起爱情一般娇艳明媚的心怀。“精油之王”的茉莉必须在夜晚收集花瓣，用橄榄油浸出花瓣中的芳香物质，再用酒精分离橄榄油。浓郁热烈的茉莉精油能增强女性的自信和勇气，对男性甚至有壮阳的效果。默默无闻的紫苏是很好的脑神经营养剂，滴一滴在书页上有助于增强记忆力。鼠尾草有深度减压的能力，嗅过这款精油的人往往会泪流满面，之后如雨后天空般清澈安静。薰衣草让人置身于紫色原野，是适用范围最广的一款精油，也是极少数可以直接涂抹在皮肤上的精油。法国化学家盖提弗斯做实验时把手指烧伤了，情急之下将手浸入薰衣草精油，竟奇迹般地迅速愈合。苦橙花精油是 17 世纪意大利女王乃罗莉的最爱，宫廷舞会中常常弥漫着它细致优雅的芳香，抗抑郁、调节内分泌的效果最为突出。依兰油是出名的催情精油，印尼居民喜欢收集这种高大树木上的黄色花朵，洒在新婚夫妇的床上。它也是很好的“养心”精油，能缓解心律不齐、心悸乏力等症状。每一款精油都有着独特的香气和功效，如果你喜欢这些花草的精灵，可以把它们滴在手帕或香薰灯上，然后深深地吸入，感受植物带来的滋养与安抚。

自然界的动物香包括麝香、灵猫香、海狸香、龙涎香和麝鼠香。麝香由雄麝（鹿科动物）香腺囊中的分泌物干燥而成，香气清幽持久，只要在室内放一丁点，就会满室生香。它同时是一味名贵的药材，主治中风、心绞痛等症，同时还有避孕的功效。传说赵飞燕、赵合德姐妹将麝香丸塞入肚脐，时间久了便不能生育。灵猫香取自大灵猫会阴部的香腺囊，这种分泌物其实十分恶臭，灵猫遇见天敌时将其喷射出来迷惑对方，经过人工精炼、稀释却散发出奇异的香味。早在公元9世纪，阿拉伯人就从海狸生殖器附近的腺体中提取海狸香，它同样带有动物的腥臭气，但是香水师仍然乐意将其加入复方香精中，平添一股萌动的鲜活气息。龙涎香又称灰琥珀，取自抹香鲸大肠末端的分泌物。抹香鲸吃了枪乌贼、金枪鱼之类有坚硬骨骼的海洋生物，被刺伤了肠道，肠道便分泌出蜡状液体疗伤，凝结的蜡状物在抹香鲸死后飘浮于大海，被渔民捡到了，还以为是“龙”在睡觉时流的口水呢。麝香鼠和田鼠长得很像，雄鼠在繁殖期可分泌类似麝香的香脂，鉴于前几种动物都非常稀少，麝鼠香成为最容易获得的动物香料。动物香料单用都不太好闻，作为“定香剂”却十分合适，它们不但使香气浓郁持久、柔和圆润，而且温暖灵动、活色生香。

天然香料中有一个派别专门用于烹饪，被称为“辛香料”。没有冰箱的时代，食物往往散发出不好的气味，香料也显得格外地重要。它们的生长范围局限，不像水果蔬菜那样容易移植，需要长途运输获得，数千年来保持着昂贵的价格。每一种香料都有各自的故乡，咖喱源于印度，由姜黄和多种香料配制而成，能开胃去腥、预防癌症。绿芥末源于日本，有很强的杀菌功能，是刺身不可缺少的佐料。豆蔻源于印尼，可作为茶饮健胃消食，也常用于卤菜和火锅。孜然源于西亚，加工牛羊肉风味独特，还能止痛散寒。生姜源于中国和东南亚，它所含的姜烯酮和姜辣素能促进血液循环、减少老年斑，杀菌散寒的作用也很显著。胡椒源于印度，唐朝传入中国，中世纪的欧洲，胡椒是比黄金贵重的调料，药剂师磨胡椒粉的时候，要小心翼翼地戴上口罩，以免吹散这些昂贵的颗粒。同时代的唐朝，胡椒却是以石来计算，一石有上百斤！东西方在拥有香料上的巨大差异，引发了十字军东征、哥伦布航海，改变了世界的秩序。今天我们可以幸运地品尝到来自世界各地的香料，烹饪过程也更加有趣，要注意的是，花椒、桂皮、八角、茴香、鱼露有一定的诱变性和致癌性，应尽量慎用。

当今人们能够用化工方法来生产合成香料，已合成香料5000余种，常用香料1000余种。合成香料广泛用于食品业，你买来的香芋面包可能不含香芋，只含有香芋香精和色素。食用香精极少出现安全问题，因为一旦使用过量反而气味刺鼻。合成香料还用于化妆品、烟酒、印刷品、涂料、文具的生产，最具代表性的莫过于琳琅满目的香水。当你从商场专柜里捧回来一瓶晶莹剔透的香水，再看标签上密密麻麻的化学成分，难免心生疑窦：它高贵的出身到底来自花园还是试管呢？纠结于这个问题没有太大意义，人工合成的香料分子可以是天然香料的成分，有些比天然香料更精致，且不易引发过敏等问题。如果你关注的只是香气的韵味而非保健价值，大可寻访尤物一般神秘撩人的香水。

香水私语

香水有着浪漫动人的故事、耐人寻味的名字、艺术品般精美的瓶子。圣罗兰的“鸦片”散发馥郁神秘又华丽的香味，瓶身雕刻罂粟花纹，造型宛如东方的鼻烟壶。据说这是一款用了使人上瘾的香水，历经岁月磨炼，依然熠熠生辉。迪奥的“毒药”香气浓烈，传达着女性炽烈进取的锋芒。它的前调是白色花朵的美丽和天真，中调是橙花和水培栀子花的浓郁与汹涌，后调是檀香和龙涎香的高雅与妩媚。三宅一生的“一生之水”充满东方禅意，空灵而柔雅的甜香绽放泉水般纯净的气息。它的灵感来自一个雨天，窗沿上的水滴倏然滑落，远处的埃菲尔铁塔在水雾中若隐若现，成就了“一生之水”的简约外形和单纯色彩。爱马仕的“尼罗河花园”前调有一种涩涩的梨花香，好像遥远的河流在寻找生命的源头，随后浮出的果香和莲花香带来重生的渴望，像河水执著地流淌去寻找海洋。香水的体验因人而异，玛丽莲·梦露说：“我只穿香奈儿五号入睡”，香奈儿五号的气味简约刚劲，突出女性自信的一面，寻常人洒上它怎么睡得着觉？

如何选择一款适合自己的香水是需要用心的事。一般来说，花香调适合温柔秀气的女生，果香调适合风情万种的神秘女郎，草木清香调适合个性独立脱俗的女子，动物香调适合成熟勇敢的女性，茉莉、铃兰、麝香等混合成的异国东方香调，适合年龄稍长又风韵犹存的女人。香水使用的场合也很重要，如果在轻松愉快的聚会中使用庄重华贵的香水，或是在严肃的办公场所中使用妖娆诱惑的香水，会显得和环境格格不入。工作中的男性容易因气味而分心，有时他们会认为香水对客观判断力是一种欺骗和攻击，面对衣着正式又使用香水的人会感到一种无形的压力。当女性和男上司共事的时候，请谨慎使用香水。

体味与费洛蒙

据说香水最开始的作用就是掩饰体味。17 世纪的欧洲人认为洗澡会传播瘟疫，上至王公贵族，下至平民百姓都不敢洗澡，连“太阳王”路易十四的身上都是臭烘烘的。为了掩盖难闻的气味，路易十四每天用香水涂脸，还命令宫廷香水师每天调制一款新的香水，否则就有上断头台的危险。路易十六更是动用举国之力把意大利的高级香水师挖过来，奠定了法国香水工业的基础，使巴黎成为著名的香水之都。

人为什么会有难闻的体味呢？汗液是最主要的原因。汗液中的尿素散发出不好的气味，但并不强烈，它在空气中细菌的作用下分解后才释放出刺鼻的异味。消化道也能产生不良气味，胃酸的酸气、食物消化过程中产生的氮、甲烷、硫化氢等气体通过口腔向外弥散。血液、痰液、尿液都带有腥味或异味，难怪有“革囊众秽”这个词来形容凡夫俗子的形骸。病人往往带有异常的体味，糖尿病人的呼吸散发出烂苹果气味，肾病患者呼出一种腥臭味，农药中毒的病人口腔带有大蒜味，伤寒病人有股类似烤面包的气味，日本人还训练小狗让它们嗅出癌症病人散发的类似发酵物的味道。

传说中的体香又是怎么回事呢？一种解释是以芳香物质为食，染上了香气。传说乾隆的“香妃”喜食鲜花，故而体有异香。你愿意的话，可以试试下面3个“香方”：白豆蔻与陈皮各5克用水煎，喝或含漱；15克藿香加10克仓术，用水煎服；桂花加蜂蜜泡茶，不仅含香，还可暖胃平肝、美白皮肤。体香的另一种解释是激素(如雌二醇)与某些饮食中化学成分作用，散发出浓郁动人的香味。还有一种解释就是神奇的费洛蒙(信息素)，它特指动物释放出来吸引同种生物，诱导其产生某种行为的气体。与我们熟知的激素相比，费洛蒙更能在体外发挥影响力。

许多动物都是使用费洛蒙的高手，雄蚕蛾利用相当大的触角(嗅觉感受器)追踪雌蚕蛾。雌蚕蛾分泌的费洛蒙于数千米外即被辨识出来。蜜蜂家族通过费洛蒙来划分等级，如果让一只工蜂和蜂王待在一起，工蜂就会染上蜂王的气味，再把它和其余工蜂们放在一起，工蜂们就会视它为公主。

母鼠和公鼠交配怀孕后，将原先的公鼠拿走，换入另一只公鼠，母鼠会发生早期流产。研究表明是公鼠的费洛蒙影响母鼠的激素所致。人体也存在类似的物质，并且在腋下的浓度最高。古代西方的男性跳舞时将手帕夹在腋窝，然后交给女伴；女伴将苹果夹在腋窝，交给她中意的情人。据说男性费洛蒙很像麝香或松露的味道，女性费洛蒙则散发出滇香薷（草本植物）的气味。奇怪的是，多数人察觉不到费洛蒙的存在，人类对费洛蒙的敏感度明显下降了。人类有着不同于动物的家庭观念，在一夫一妻（或一夫多妻）的环境里，释放费洛蒙会引起忠诚度的滑坡和群体关系的破坏，女性可能遭受侵犯而不利于下一代的抚养。为了文明的发展，费洛蒙不再具有本来的意义，人类对其分泌和接受都发生了退化。有趣的是：现代男性的费洛蒙分泌相对女性活跃，女性的嗅觉比男性灵敏，这又是造物怎样的安排呢？

人类的嗅觉敏度

人类嗅觉其实不差，当每升空气中含有 5×10^{-6} 毫克麝香时，就能有所觉察，当每升空气中含有 5×10^{-10} 毫克硫醇时，就能感到刺激。80%的母亲可以根据孩子散发出来的气味辨别自己的初生婴儿，30%的人可以通过嗅觉找回自己穿过的 T 恤，这说明人类是具有某种嗅觉护照的，只是没有得到强化，也容易受外界因素干扰。

许多动物拥有比人类更发达的嗅觉。狗可以分辨一锅汤里羊肉、胡萝卜、洋葱、大蒜等几十种材料的味道，鲨鱼可以嗅到 400 米外一滴血的气味，飞蛾凭借性激素的味道寻找配偶，蚂蚁通过分泌信息素来报警和迁移。对这些动物来说，嗅觉对生存和繁衍有着格外重要的意义，进化得格外敏锐。人们拥有这样的嗅觉也许是件麻烦事，如电影《非诚勿扰》中的梁笑笑，因为对方身上的气味而陷入情网欲罢不能。摆脱嗅觉带来原始冲动，人们可以更加充分地发挥意志力和想象力，把智慧用在理性的思考上面。为了弥补自身在嗅觉上的不足，人们利用聪明的大脑发明了气相色谱来分析复杂的香味，发明了电子鼻判断水果是否新鲜、葡萄酒是否发酵过度。

年龄与嗅觉有明显关联。胎儿在子宫内就能感受到羊水的气味，出生后能由此来辨认和靠近母亲。婴儿很早就对某些气味有偏好，假如给他们闻臭鸡蛋气味，他们会将鼻子往上仰，并扭曲脸孔像要哭了；奶油的气味则会引起他们的吸吮反应。儿童不断接触新的气味，个人喜好会发生一些变化，如突然喜欢香蕉的气味，或者讨厌草莓的气味，这些变化与生活经验和性激素分泌有关。青春期之后，对气味的喜好会相对固定，令人惊讶的是，薰衣草成为很多 16~20 岁的年轻人深爱的气味。成年人伴随年龄的增长变得更有智慧，更有阅历，对某些气味更富联想。《追忆似水年华》的作者普鲁斯特动笔的那一年是 37 岁——正是嗅觉记忆最好的年龄。50~60 岁嗅觉尚可，此后便逐渐衰退。50%的 65~80 岁老人及 75%的 80 岁以上老人几乎丧失嗅觉。每年有不少煤气爆炸是由于老人无法及时察觉煤气外泄导致。目前尚无良策来治疗，只能通过营养加以改善。令人哭笑不得的是，老人的鼻子却是增大的，它在一生当中不停生长，老人面部肌肉萎缩，鼻子更加突出。我们无法抗拒自然规律，只能用珍惜的心，呵护当下的嗅觉。

嗅觉保护

你听说过“嗅盲”吗？10%的人闻不出氰酸的味道，50%的人闻不出睾酮的味道，这些都是遗传基因在作祟。天生完全丧失嗅觉的人非常罕见，多数人经历过短暂的嗅觉失灵，比如感冒的时候，鼻黏膜充血水肿，鼻甲肿大，气味分子难以到达嗅黏膜刺激嗅细胞，所以闻不出香臭。外伤是另一种比较常见的原因，突然的外力使头部受严重撞击，嗅丝自筛骨扯断，嗅脑得不到嗅觉刺激逐渐萎缩。嗅丝有可能再生，$\frac{1}{3}\sim\frac{1}{2}$的病人可以在1年内自动恢复，对于那些无法自愈的病人，治疗起来则十分困难。

失去嗅觉不被认为是残障，因此关于它的医学资料少之又少，至今也尚未出现嗅觉专科医生。失去嗅觉带来的种种不便却是显而易见的：无法闻出肉类是否腐败、食物是否烧焦或煤气是否外泄。很多嗅觉受损的病人有抑郁的表现，他们再也感受不到“花香欲破禅”的春天了，失去嗅觉带来的打击往往超过一般人的想象。

如何保护嗅觉呢？首先要预防外伤，万一鼻部受到强烈撞击，不可自行触摸，要尽早到医院诊治。流鼻血不止的情况下，轻轻捏住鼻子下方的软组织，或用冷毛巾敷面，尽量不要移动鼻骨。其次要注意防治感冒和各种慢性鼻炎。慢性鼻炎分单纯性、肥厚性、干燥性、萎缩性和过敏性五种。其中肥厚性、萎缩性鼻炎最容易失嗅。我们可以适当多吃些含维生素A和维生素B的食物保护鼻腔黏膜，减少粉尘污染，保持环境中适宜的温湿度。

鼻腔深处有4对洞穴一样的空腔，称为鼻窦。鼻窦内充满空气，起到防止散热的作用，又像4对小音箱，有一定的共鸣功能。有时候，细菌从鼻腔或口腔蔓延进鼻窦，引起鼻窦发炎，伴有头痛、发烧、鼻塞、记忆力减退和嗅觉减退，严重时还并发骨髓炎、眼眶蜂窝组织炎等。为了预防鼻窦炎，平时要避免受凉，及时治疗鼻腔和口腔疾病，生活规律，加强锻炼，提高全身的抵抗力。最后，要尽量减少刺激性化学物质的吸入。香烟、油漆溶剂、强力胶或硫酸都会严重伤害嗅觉，长期待在花香怡人的环境中也可能导致嗅觉的失灵。

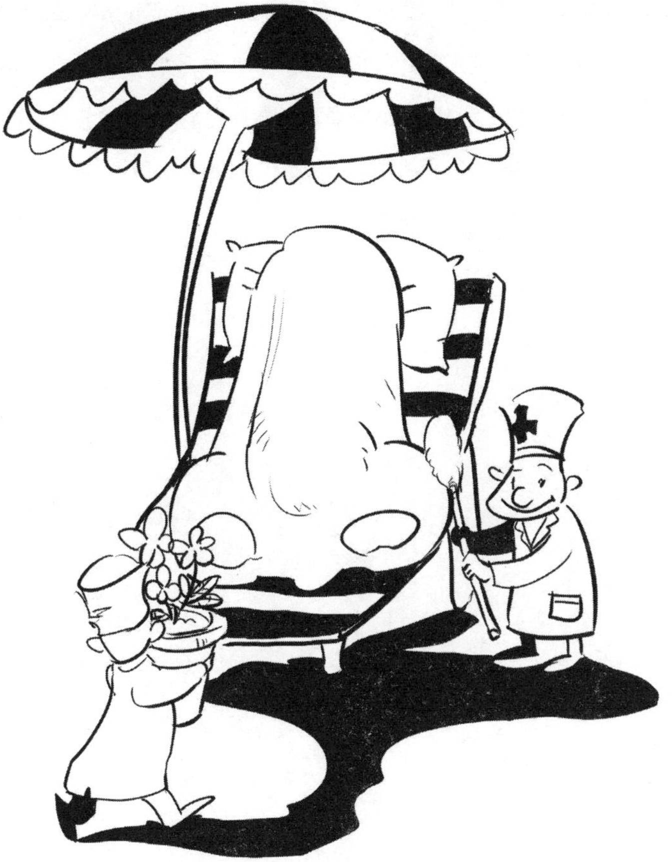

余　香

也许有一天，所有的嗅觉机制都分析得一清二楚，所有的嗅觉障碍都治疗得彻底干净，仍不是所有人都体会得到嗅觉的精微。它有时带有原始的动物性的冲动，有时又带来超凡脱俗的清明与了悟。有人这样划分它们：动情香气、抗动情香气、麻醉香气、兴奋香气。有人把它归为柔、刚、清、浊四种香韵。有人划分淳、润、鲜、清、凉、幽、辛、干、宿、腻、温、圆十二种香调。

这些都是意会。香难以用语言表达，难以用文字记载，幽浮于时间和空气之中，犹如人与人的心魂。当你寻找一种香，实际上是在寻找一种心境、一层记忆、一份信念，是独独属于你的那一瓣心香。在名利得失占满每一条街道的城市，在科学抽丝剥茧揭开所有细胞的时代，愿有一缕香，宛转、上扬，带我们找到开满鲜花的地方。

第五章　触觉——感知生命的存在

英国人类学家泰勒说："人类最伟大的感官是触觉。我们之所以会爱、会恨、会感动人和被人感动，乃是经由皮肤的触觉微粒而来。"胚胎开始，我们便感受到母腹的稳妥安全，出生后通过亲人的爱抚渐渐获得安全感，热恋的季节强烈感受到身体的美好，中年的携手共进、暮年的执手相伴成为一生最珍贵的回忆。

所有感觉当中，触觉是最值得信赖的。婴儿总是抓住一样东西，然后往嘴巴里塞、咬，通过这种方式与外界建立联系。成年人也会觉得"可触摸"的证据更容易接受，《圣经》中多马听见耶稣复活的消息时，宣称："我非看见他手上的钉痕，用指头探入那钉痕，又用手探入他的肋旁，我总不信。"

最低等的动物都拥有触觉，否则无法发现食物并获取生存机会。一种观点认为：视觉、听觉、味觉和嗅觉都是在触觉基础上特化出来的感觉，是皮肤的外延。作为一切感觉之源头的触觉，不仅传达外界信息，还传递一些基本的感情。我是否被爱，被接纳？这个世界是安全的，还是充满敌意？皮肤会慢慢领悟这些观念，从而产生对世界的看法。海伦·凯勒曾经像小兽一样困守在黑暗世界里，她的老师沙利文把她带到水井边，让水流从她手上流过，在她的另一只手上一遍又一遍地写"water"。海伦猛然醒悟，伸出手寻求新的词汇，现实世界的大门重新向她敞开。

触觉不仅带来外界的信息，也让我们充分感受到自身的存在。科学家

曾经对一批志愿者做过试验，让他们穿着特制的外套无法与周围物体接触，经过数天到数周的无触觉生活后，志愿者都出现了不同程度的情绪异常。他们无端地焦虑，觉得自己被困在梦境中，极度孤独。试验结束后，他们第一个愿望就是奔回亲人身边，去感觉诚实无欺的大大的拥抱。

触觉的载体——皮肤

触觉来自皮肤，这是人体最大的器官，约占体重的16%。它从头到脚覆盖着躯体，像万里长城一样抵挡异物入侵，还兼有调节体温、排泄废物、吸收营养、排出CO_2等功能。完整的皮肤包括表皮、真皮和皮下组织。表皮和容貌的关系最密切，红润细腻的肌肤是人们梦寐以求的天生丽质，在显微镜下看表皮又分为5层。最外面的角质层由干燥角化的细胞组成，防止水分蒸发和环境伤害；中间分别为透明层、颗粒层、棘状层；最里面的基底层含黑色素，抵抗紫外线的损伤。基底层是表皮细胞的生发层，表皮细胞在此分裂，不断往上移行，直至成为角质，每一轮更替的周期约 28 天，也就是皮肤新陈代谢的周期。

表皮之下就是真皮，真皮里面有丰富的血管、神经、毛囊、腺体以及感觉神经末梢。它没有表皮那样风光无限，却担负着重要的使命。它通过细小的毛细血管为表皮提供营养。正常人情绪激动时会因短暂的毛细血管扩张而脸红，有些人的面部看得到红血丝，并非表皮变薄，而是毛细血管扩张的结果。真皮中的汗腺能调节体温、排出代谢废物、维持酸性环境（pH4.2~5.6），酸性环境可以抑制多种细菌和真菌繁殖。真皮中的感觉神经末梢如数十万台小型发报机不断传来外界信息，除了触觉之外，还产生压觉、振动觉、冷觉、热觉、痛觉和痒觉——有人将这些皮肤感觉统称为肤觉，然而它们的感受器和换能机制各不一样。真皮深层还有粗大的胶原蛋白束和丰富的弹力纤维，使皮肤柔韧有弹性，是健康肌肤的坚实后盾。

真皮之下为皮下脂肪组织，像厚厚的软垫一样缓冲碰撞。当你用手握住一把铁锤，脂肪组织会因承受压力而变形，与铁锤把手的形状吻合。工程师在分析这一特性的时候惊讶不已，他们找不到一种材料如此完美地保持弹性与黏性之间的平衡。皮下脂肪还可以隔热、储存能量，一个人不吃饭只喝水，靠皮下脂肪可支撑三四十日，冬眠动物靠脂肪可以度过漫长的冬季。

皮肤不仅漂亮、能干，还很“聪明”。从胚胎发育来看，它和神经系统都起源于外胚层，有人称之为“第三脑”（含有大量神经元和局部反射的消化系统被称为“第二脑”）。皮肤能灵敏地传递感觉并表达情绪：快乐的时候皮肤熠熠生辉，烦恼的时候皮肤黯然失色，紧张的时候皮肤发红起皱，烦躁的时候皮肤爱长痘痘，压力太大可引起湿疹……如果想保持光洁细致的皮肤，就从良好的心态开始吧，别让岁月的浮尘在皮肤上留下沧桑印迹。

触觉感受器

用细棒轻轻拨动手背的汗毛，使其弯曲但不触及皮肤，引起的感觉就是触觉。假如汗毛一直是弯曲状态，触觉很快就消失了。此处的触觉感受器是毛囊感受器，它有点像缠绕在汗毛根部的一圈弹簧，当外力弯曲汗毛时，"弹簧"随之变形，感受器的机械门控通道开放，引起离子流动和电位变化。

手掌、足底和指尖的无毛皮肤上，有另一种触觉感受器——麦斯纳氏小体（Meissner's corpuscles）。它的形状像个话筒，紧贴在真皮的顶部。如果用细棒按压皮肤，麦斯纳氏小体就会放电，放电频率随下压速度的加快而增加。如果停止细棒的下压运动，即使它仍压在皮肤上，也不会引起放电。这种现象说明触觉是一种快适应的感觉。你刚戴上手表的时候，会察觉手腕戴着表，过一会就不觉得了；刚穿上衣服的时候，会感受到衣服的包裹，过一会就没在意了。触觉的快适应使我们忽略许多无关紧要的信息，把注意力放在有意义的事物上。

皮下组织中还含有鲁菲尼氏小体（Ruffini's corpuscles）和帕西尼小体（Pacini's corpuscles），分别感受压觉和振动觉。压觉感受机械刺激的强度，振动觉检测皮肤振动的频率，肌腱、骨膜及关节囊内存在洋葱头形状的帕西尼小体，检测运动所引起的人体振动。触觉、压觉和振动觉常相伴发生，很难严格区分开来。

皮肤感受器在全身都有分布，前额、眼周、嘴唇和手足分布尤为密集，这些部位非常娇嫩敏感，也最容易反映出健康隐患，是医生望诊时的重点所在。

触觉通路

视觉、听觉、嗅觉和味觉的感受器在头面部，直接通过脑神经传入脑；触觉感受器遍布全身，除头面部触觉由脑神经传入外，躯干和四肢的触觉由脊髓上行到脑。来自躯干和四肢的触觉首先汇集成传入纤维束，于颈椎、胸椎、腰椎、尾椎的不同节段进入脊髓背角，迅速交叉到对侧，再上行至丘脑。在丘脑，触觉传入纤维将更换神经元，兵分两路继续前进。

一部分神经元精确地投射到大脑皮质感觉区，这里的每一群神经元接受来自特定区域的感觉。例如，右手食指末节接触到物体，左侧大脑皮质体感Ⅰ区 3b 小区 D2 单元的神经元群将发生兴奋，判断出接受触觉的部位。按照这样“点对点”的投射关系，将身体部位在对应的大脑皮质感觉投射区上描画出来，会形成一个倒立的怪物，脚在上，头在下，长着厚厚的嘴唇和粗大的手指（感觉越灵敏的部位，所对应的投射区越大）。感觉投射区并非一成不变，假如你经常用脚趾来感知触觉，脚趾的感觉投射区范围会扩大；假如你总是不使用左手，左手的感觉投射区范围会缩小。脑具有高度的可塑性，每一刻的外界变化都对脑做着细微的修饰。

另一部分神经元向中脑网状系统大范围投射，它们不断刺激网状系统，网状系统又向大脑皮质弥散性投射，使大脑皮质处于兴奋状态。这条路径的作用是维持人的清醒状态，如若出现问题，会变成植物人昏睡不醒。设想一下：没有感觉，得不到外界信息，当然昏昏欲睡。感觉不仅仅引起特定的觉知，更让我们维持内在的觉醒。

触觉通路决定了它的特征。它非常真实，眼睛和耳朵有时会欺骗我们——魔术师总让我们怀疑自己的眼睛出了毛病——触觉却不会，凡能用身体触及的东西都是客观存在的。它非常直接，如果老虎的爪子按上了我们的肩膀，我们会很快有感觉，并采取反应，接触的瞬间会传来“平和”“坚硬”“危险”等信息。它非常形象，即使我们没有摸过白云，也能感觉到白云是“柔软”的，那是柳絮、棉花、羊毛的视觉经验映射上去的结果。它非常局限，盲人摸象的故事中，有人说大象长得像城墙，有人说像蒲扇，还有人说像蛇。人的身体有限，以致面对庞然大物时，只能触及部分，得到片面的结论。千百年来人们围绕宗教、政治、哲学争论不休，如果我们肯承认自己的感觉有限、智慧有限，就不会被狂妄和骄傲蒙蔽。

遥远的触痕

触觉是最古老的感觉，低等动物无眼、无耳，至少能感受外界接触。一个著名的实验是在海兔（海洋软体动物）上进行的，当水喷射到海兔身上，它的腮慢慢缩回了外套腔。随着水的不断喷射，它察觉到这种干扰并不危险，于是不加理睬。假如把水换成稀硫酸，情况就大不相同，海兔会越来越敏感，迫不及待地蜷缩起来。显微镜下，科学家发现感觉细胞和运动细胞间形成了神经回路，使海兔对环境做出适当反应，这种触觉-反应模型是一切高级神经活动的基础。

鼓甲（水生昆虫）的动作十分灵活。科学家把鼓甲放在水族箱中，用一根细铁丝轻轻拨动水面，就会招引鼓甲游来。鼓甲游动时，长在前面的触角刚好接触水面，触角上生着一簇簇细毛，不但能感觉其他昆虫引起的水面微波，还能觉察到自身引起的微波遇到障碍物反射回来的回波。鼓甲常常有规律地叩击水面，这是向同伴发信号，不一会儿就有同伴接到信号前来相会。

鱼类的侧线感受器也接受触觉。侧线感受器对于水波动荡非常敏感，能感受到远处水波传来的消息。当同伴活动引起水波振动，它们会很快做出反应。遇到天敌时，鱼类会用尾巴拼命击水，通过水波刺激对手的侧线，使其痛楚难忍。虽然它们没有直接触及对方，打击的程度和撞击一样有力，常能赶走来犯之敌。鉴于侧线被认为是听觉的雏形，鱼类的这种御敌方式与武侠小说中的“狮子吼”有异曲同工之妙。

人类的触觉更加灵敏，只要在指尖上放2毫克的物体就可以察觉出来。触觉有很强的分辨能力，只要用手指轻轻一摸，就能知道接触的是纸张、纺织品、塑料、木头还是钢铁，有经验的人可以分出真丝和仿真丝，甚至混纺织物中各种成分的比例。触觉的发育极早，胎儿在母腹中即可感受子宫的接触，还会用“拳打脚踢”来感应母亲的呼唤。自然分娩过程中，14小时的子宫收缩及产道挤压对胎儿某些身体功能的成熟可能是很重要的刺激，自然分娩的婴儿长大后感觉更敏锐，运动更协调，注意力更容易集中。出生后，母亲的爱抚令婴儿感觉到安全和愉快，假如得不到充足的爱抚，婴儿在生理和心理上就会发育不良，长大后情感淡漠或者有神经质的表现。一些在破碎家庭里长大的孩子，身体停止了生长，成为侏儒，注射生长素也不起作用。令人欣慰的是，这个过程是完全可以逆转的，从医生和护士那里得到的爱抚足以让他们回到正常的成长轨迹。

触觉与交流

人或动物都会对友好的触摸起反应，家有宠物的人很容易发现这一点。抚摸一个宠物能减少它的紧张感并降低它的心跳，宠物毛茸茸的身体、有节奏的呼吸也可以使主人感到放松和愉快。据说养猫的人骨折愈合的速度更快，因为猫咪那轻轻的喘息会传来安稳的舒适感，有利于身体的修复。

抚摸的作用在婴儿的身上表现得尤其明显。美国的一个弃婴养育院婴儿死亡率非常之高，于是院方请来了一位德国女护士。她每天在医院里巡回，身上总是抱着一个生病的孩子。不久，幼婴的死亡率就从35%降到不到10%。

儿童喜欢挤在一起，拥抱打闹，互相追来追去，身体的摩擦令他们感到快乐。他们受到惊吓的时候，总是寻求父母的拥抱，这比一百句安慰的话更加管用。父母有时会训斥孩子甚至责打孩子，都不能把孩子从身边撵走，但假如父母冷冰冰地置之不理，孩子会很沮丧地躲在墙角，感觉到被遗弃的恐惧。

成年人也渴望交流和接纳，身体接触是人际交往中表达情感的方式。通常来说，磕头下跪表达的是一种臣服，我根本碰不到你，毫无情感交流可言。鞠躬作揖表达的是一种尊敬，我希望与你友好，但假如你拔出刀来杀我，我还有时间跳起来逃跑。握手表示的是一种信任，我的手里没有武器，愿意和你平等相待。拥抱表达的是一种吸引和爱慕，它可以是朋友纯朴自然的靠近，可以是亲人血脉相连的倚赖，可以是爱人炽热深邃的交融，人类感情的神奇也在于拥抱的感觉如此安慰，如此美好。

正常的身体接触是维系人类情感的纽带。如今社会上出现了“抱抱团”，越来越多的人向周围人敞开怀抱。那些遭遇挫折、被社会忽视的人，最企盼的莫过于温暖的怀抱。处于“皮肤饥饿”的人不应该感到惭愧，人人都有渴望触摸的天性。这种天性并非只能通过他人才可以满足，柔软的羊毛毯、光洁的瓷器、纹理错落有致的石头、荡漾的水波，以及自己的按摩都可以带来健康的触觉。

爱　身

身体是我们此生的居所。它有时带来不少麻烦——会饥饿、困倦、疲劳、生病，我们得千方百计满足它的需要。无怪乎陶渊明说："既自以心为形役，奚惆怅而独悲？"苏东坡也说："长恨此身非我有，何时忘却营营。"然而身体也是我们最亲密的伴侣，若真是脱离了形骸，变成天地间的一缕游魂，那感觉又是何等凄楚。况且身体也常带来美好的感受，清晨微风拂过时多么光明洁净，安详可喜。我们何不好好爱惜它，如同神的殿宇。

触摸就是在倾听身体的诉说：哪一块皮肤需要轻柔的抚慰，哪一块肌肉需要有力的按压，哪一块关节需要适当的休整。你的双手比任何人更懂得自己的身体，当你耐心触摸自己的时候，就是和自己的生命联系最紧密的时候。对女性来说，每天早晚的清洁护肤就是在温柔地触摸自己，掌心的温度将融化冰冷的膏体，渗入皮肤的间隙，让疲倦了的弹性纤维恢复蓬勃的生机。一个女人是否美丽，看她是否能静下心做足这样的功课。

适当的运动能传来丰富的触觉信息，弯腰的时候，感觉身体不是僵硬的，而是蕴含着青草般的柔韧。伸展的时候，感到一股暖流在肌肤间游走，像大树从土壤中汲取营养默默生长。你也可以什么都不做，只是静静地坐着，感受在血脉里在肌肤下欢乐地运行，仿佛有一双看不见的手，抚平你的焦虑和忧伤，输入源源不绝的能量。保罗·高更来到塔希提岛时，看见当地的土著经常两三个小时静静地坐在地上，享受风的吹拂、日光的照耀。这种简单之美吸引他放弃了文明社会的生活，甘心成为一个平凡却真实的人。

现代社会中，我们越来越难以体会这种"无所事事"的快乐了，我们总是通过和他人比较来判断自己的位置和幸福指数，能够比较的都是外在的东西，于是我们对心灵和身体都越来越忽视了。许多人按着这样一种轨迹奔跑：小时候绝不输在起跑线上，读书一定要上重点中学和大学，工作必须出类拔萃，不当高官就当董事长，不当明星就当“杰青”。或许有一天，理想终于实现了，身体却不堪重负地倒下了。这样的悲剧不断发生，几乎成为城市中的传染病。人啊，赚得全世界又能怎样呢，有一天生命终止，一切归零，又要拿什么来换生命呢？

如何善待自己、珍惜生命，方法之一就是培养对自身的觉知。我们关爱自己身体的时刻，就是和自己亲密相处的时候，是心灵得以舒展的时刻。若是肯细心体会，我们将发现身体是何等美妙的作品，充满了不可思议的智慧，是一个奇迹。我们将更懂得身体和心灵的需要，数算自己的日子，得着智慧的心。

皮肤病与触觉障碍

因为触觉是皮肤的感觉，所以影响触觉的主要是皮肤病。一种受关注的现象是：相当数量的皮肤病与性接触有关，常被称为皮肤性病。性接触是皮肤最大程度的接触，最有可能传播表皮、黏膜和体液中的病毒与细菌。这似乎是一种警告。人们诚然渴望与他人建立亲密关系，但若放纵身体的欲望，必然付出代价。被称为“世纪瘟疫”的艾滋病，目前最主要的传播途径就是性传播，其可能的起源之一竟是人与黑猩猩的滥交。在非洲的津巴布韦，约$\frac{1}{10}$的人口携带艾滋病病毒，男女关系混乱是导致这一恐怖现象的首要原因。我想：人类如果有一天真的被毁灭，也许不是因为火山、地震、怪兽、彗星撞地球，而是因为看不见的病毒和日积月累的环境污染、生态危机。人类会毁灭于自己的贪欲——如果大多数人的品德不足以与之抗衡的话。

也有相当数量的皮肤病可能通过性接触之外的皮肤接触传播，如麻风病。麻风病可怕之处在于病人的面部和肢体会被病菌一点一点“吃掉”，他们的五官扭曲变形，身体残缺不全。更可怕的是，病人逐渐丧失与人接触的能力，感觉不到别人握他们的手或抚摸他们，虽然实际上很少有人愿意这样做。麻风病人是被社会遗弃的一群人，麻风病是一种可怕的孤独症，正因为此，麻风病也是全世界善良人士最关注的疾病之一。史怀哲在非洲行医 53 年，以极大的毅力拯救数以万计的麻风病人，78 岁时，他获得诺贝尔和平奖，全部奖金都用于建立麻风病医院。中国也有很多这样的感人事迹，台湾女记者张平宜采访了大凉山的麻风村后，放弃了优渥的生活，留在那里教书。湖北医生江志国在麻风岛上生活数十年，一家人默默承受外界的不理解，过着几乎与世隔绝的生活。我们也许达不到如此高尚的境界，但是对于病人——无论是什么原因造成的，至少应当接纳他们、安慰他们、在不被传染的前提下抚摸他们，借着触摸来表达对他们的爱。

几乎每个人都有过患皮炎、痤疮、疖肿、疱疹的经历，这些都是病原微生物造成的，要避免共用毛巾等接触传染。皮肤病还可能和免疫、内分泌、内脏功能下降等因素有关，例如系统性红斑狼疮是一种自身免疫病、内分泌失调容易出现黄褐斑、肝病病人的脸上可能有蜘蛛痣，这些必须从治疗原发病入手。预防皮肤病的原则是保持皮肤清洁、饮食均衡、睡眠充足。皮肤健康与全身健康密不可分，要注意锻炼身体和保持精神愉快。我们常会看到有些人原本面容惨淡，一旦改善了环境或调整了心态，很快变得容光焕发、神采奕奕，这是最省钱的美容术了。

除了皮肤病，烧伤、神经炎、脊髓病变、脑部疾患都可能影响触觉。烧伤病人的毛囊和汗腺很难修复，病人要忍受疤痕的牵扯、无法排汗的郁积和皮肤感觉的丧失，他们对环境的适应能力减弱，一旦天气炎热很容易中暑。神经系统病变的人可能丧失触觉，也可能有蚁走、虫爬、触电样等异常触觉，一定要提高警惕。

触觉与医治

诊断学的“视触叩听”中，“触”和“叩”都用到触觉，触觉可以告知病人的脉搏是否正常、有无异样包块、脏器是否肿大以及出血情况等。医生灵巧的手指和丰富的经验能免除许多不必要的检查，我的一位朋友胳臂长了小结节，医生摸了摸说“淋巴结炎”，开了点抗生素就好了。假如遇见的是不负责任的医生，说不定又要拍CT，又要穿刺做病检，病人会被肿瘤的阴影吓个半死。

现代医疗最严重的问题之一就是依赖仪器，减少了医患之间的接触和交流。医生查完房，开一堆昂贵的检验单，把病人交给冰冷的仪器。病人感觉不到受重视、被关怀，只惊叹于诊治费用的高昂。触摸本身就是一种治疗，医生的手对病人来说像天使一样神圣，当病人感觉到自己是被接纳和关爱的，才能确信自己将得到尽心的医治，并萌发出和疾病斗争的无限勇气。同样，医生只有对病人伸出援手，才会感觉到自己面前是一个活生生的人而不是某一种疾病，才会唤起爱和同情。学医期间令我特别感动的一幕是：一位老年人因为严重便秘就诊，医生见他身体虚弱，不忍他承受灌肠的痛苦，就戴上手套亲自为他一点点清除宿便。这是非常简单的操作，却体现出真正的医者仁心。真正高贵的双手不是操作精密的仪器，而是浸泡在脓血和污秽之中，真正高贵的心灵不是高唱慷慨激昂的曲调，而是俯就芸芸众生的悲悯。

对于生命来说，爱比医治更加重要。《圣经》上谈到耶稣治病的情形，他伸手摸瞎子的眼睛、麻风病人的皮肤、瘸子的腿，他们就痊愈了。他为什么不是挥舞一下魔杖或者念几句祷词——也许那样效率更高。耶稣的使命不单单是治病，他要那些人个别地感受他的爱，以及他对他们完全的认同。耶稣知道他无法马上向群众证明他的爱，因为爱往往离不开触摸。

并且，肉体的生命终将结束，总有一天我们会在与疾病的较量中光荣或遗憾地退场，只有爱让我们坦然无惧地面对死亡。近年来许多提倡临终关怀的报道和书籍，呼吁让死亡回归家庭。我们不想在冷冰冰的抢救室，在电击和输液管的逼迫下死去；我们想在亲人的怀里，在十指紧扣的眷恋中别离。如果死亡真是终点，唯一值得感激的是活着的时候曾经爱过；如果死亡是下一个开始，让我们祈祷能够在天堂相遇。

第六章　痛觉——严厉的老护士

痛觉令人恐惧，几乎没有人会喜欢这样一种感觉，陷入痛觉的人会竭尽全力加以摆脱。然而，一个必须承认的现实是：没有痛觉对人类来说更加可怕。

丹耶是个4岁的女孩，有一天，她用手指在白色被单上画着红色条纹。母亲走近一看，不由大惊失色：丹耶的手指尖血肉模糊，她是用自己的血在被单上画这些图案。她向着母亲露齿一笑，牙齿上染着血——原来她咬开了自己的手指来玩游戏。接下来的几个月，丹耶的父母想方设法让女儿知道手指是不能咬的，可是她无动于衷，任何体罚都没有效果。后来，丹耶的父亲遗弃了她，母亲带着她四处接受治疗却没有进展，她患的是罕见的"先天性无痛症"。7年后，丹耶被截掉了双腿，因为她拒绝穿合适的鞋子，最终对关节造成严重伤害。她失掉了大多数手指，肘部经常脱臼，手臂布满溃疡，舌头也是伤痕累累，饱受慢性败血病的折磨。"一个怪物"，丹耶的父亲这样称呼她，可她不是怪物，仅仅是无痛生命的特例。

如果成年后丧失痛觉，人同样会变得对身体麻木不仁、肆意伤害自己。麻风病人敢用手从火堆里取山药，即便骨折的断肢戳穿了皮肤，仍然拖着断肢跑动。无论出于炫耀勇敢还是对生命的绝望冷漠，他们对自我摧残这件事完全漠然。班德医生是麻风病救治者中的一员，在一次长途旅行中，他疲惫地脱掉袜子，忽然发现自己的脚后跟没有感觉。他紧张地找来一根针，刺向脚后跟的皮肤，毫无痛觉！他把针刺得更深一点，血渗了出来，痛觉却不出现。班德医生沮丧地倒在床上，浑身颤抖，心乱如麻。清晨，他鼓起勇气拿起针来，想知道受感染的地方有多大。一针刺下去，剧痛传遍全身，他欣喜若狂地放声大笑——原来，昨天夜里并非染上麻风病，而是旅途过于疲劳，脚上的神经受到压迫而完全麻木了。

痛觉是多么奇特的礼物——它告诉我们是否处于危险状态，身体是否完好。在这个有荆棘、锋刃、火焰和疾病的世界上，它警告我们及时逃避险情。疼痛的经验深深刻画在脑海里——婴儿对任何事情都充满好奇，忽然有一天，他被火苗舔了一下，坐在地上哇哇大哭起来。疼痛还在继续，直到他慢慢接受了这种感觉，幼小的心灵里产生一种敬畏，知道世界有某种强大的力量不容抗拒，顽抗的结果就是承受痛苦。

痛觉让人学会珍惜。为什么犹太教徒少有叛教的？他们接受割礼的时候为信仰忍受了剧痛。为什么母亲更疼爱孩子？分娩的过程让她们深知新生命来之不易。为什么罗密欧和朱丽叶会殉情？爱情之于他们的是痛苦且障碍重重，也因此放射出钻石般璀璨的光芒……没有必要去寻求痛苦，但是痛苦袭来的那一刹那，记住，它并不是毫无意义的。

痛觉来源

最常见的痛觉是来自皮肤的“体表痛”，它尖锐、急剧、范围局限、定位清楚。皮肤中存在丰富的游离神经末梢，游离神经末梢并不针对特定的外界刺激起反应，机械、温度、化学等刺激只要达到一定强度都可以引起痛觉。如果刺激的程度较轻，则引起痒觉。“体表痛”常见于外伤，痛觉纤维通过脊髓上行至大脑，这需要一点时间，往往在受伤的瞬间还没有感觉，过了片刻才传来疼痛。

走路的时候扭伤了脚腕，会感到来自肌肉、肌腱和关节的“深部痛”。它效应持久，常伴有酸胀热等异常感觉。运动系统的劳损、炎症、错位都会引起“深部痛”，也经过脊髓传入大脑皮层。相对于体表创伤，深部组织创伤更难修复，更应该引起人们的重视。体育锻炼的过程中应以肌肉酸胀而不疼痛为限，假如感到了痛，就意味着出现了伤病。有不少运动员为了夺冠强忍伤痛参加比赛，或赛前“打封闭”止痛，这对机体是很大的伤害，有违奥林匹克的初衷。

最不可掉以轻心的是各种各样的“内脏痛”，它们往往是重大疾病的警报，如不理睬有危及生命之虞。例如：冠心病病人感到心前区的压榨样疼痛，不治疗会进展为心肌梗死；胃溃疡病人感到上腹部烧灼痛，任其发展会造成胃穿孔或胃出血；胆囊炎病人感到右上腹的绞痛，长期恶化将不得不切除胆囊；阑尾炎病人感到右下腹的绞痛，延误时机可能造成阑尾穿孔和全腹腔感染。了解一些基本的脏器解剖知识很有好处，可以通过内脏痛的位置大致判断是哪一个器官出现了问题。不过，内脏中的游离神经末梢数量相对较少，内脏痛定位不明确，比如阑尾炎有时也会出现左下腹痛或中腹痛。

上述疼痛哪一种更痛呢？目前没有评价标准。法医鉴定的过程中，亦无法判断受害人是真痛还是假痛，痛得到底有多严重。无论痛觉是来自皮肤、肌肉还是内脏，都由神经纤维传递至大脑皮层。传导痛觉的神经纤维类型不同，因此感觉上有快痛和慢痛，锐痛和钝痛。有些人会遭遇顽固性的疼痛，如三叉神经痛。有位病人为了缓解三叉神经痛，拔掉了口腔中一半的牙齿，灼伤自己的左颊，不让孩子在身边嬉戏，都无法止住突如其来的一阵阵面部剧痛。最后，她要求医生切断三叉神经，哪怕手术可能造成失明、面瘫甚至丧命。细如棉线的神经纤维被剪断后，她的疼痛终于消失了，生活一点点恢复常态。癌症晚期的剧痛也很可怕，癌细胞早期如蛰伏的怪兽，不痛不痒，或仅有轻微的胀痛，一旦发现往往不可收拾，它疯狂地侵蚀周围的正常组织，激起刺骨的疼痛。晚期癌症病人用哌替啶等毒品才能止痛。对这样的患者来说，剧烈疼痛本身已成为一种疾病，严重影响身心健康和生活质量，有些医院专门设立了"疼痛科"，致力于减轻疼痛。

镇 痛

痛觉难以适应，这是它最令人恨恶的地方——如果用钢针扎皮肤，每一下都那么痛，而不是痛到慢慢模糊。痛觉源自何处，为何不休不止？医学界进行了深入研究，疼痛发生的具体机制主要有三：一是伤害性刺激直接作用于游离神经末梢，传入脊髓并到达大脑。二是伤害性刺激作用于局部组织，引起组织损伤并释放致痛物质，如钾离子、缓激肽、组织胺等。这些致痛物质刺激游离神经末梢并传入脊髓和脑。三是伤害性刺激使组织释放花生四烯酸、P物质、5-羟色胺等，提高游离神经末梢的敏感性，引起痛觉过敏。大部分痛觉的产生过程不需要专门的感受器，不存在感受器的适应机制，游离神经末梢如裸露的电线一般，忠实地把痛觉不断输入大脑。

常用的镇痛办法是口服或注射止痛药，如阿司匹林、可待因、哌替啶、鸦片、吗啡等（其中不少属于毒品）。这些药物能与脑中"抗痛神经元"的阿片受体结合，使"抗痛神经元"兴奋，而"抗痛神经元"能提高痛觉神经元的痛阈，使痛觉神经元不容易兴奋。这揭示了一个神秘现象：人体本身是可以抗痛的，有些战士身负重伤却没有发觉，就是应激导致了自身"抗痛物质"脑啡肽的释放，脑啡肽有着和吗啡相似的结构和效应，能激活"抗痛神经元"。

针灸镇痛是我国特有的方法，常用于协助产妇分娩。针刺激活皮肤下的深部感受器，让酸麻的感觉进入脊髓，并抑制痛觉纤维的传入信号。这和"止痒"的原理很像，挠痒为什么可以止痒呢？触觉上传过程中对脊髓中上传痒觉的神经元发生了抑制。针刺镇痛的机制也可能是激活了抗痛神经元。

全身麻醉药或局部麻醉药的止痛效果立竿见影，手术靠它们来止痛——在麻醉药发明之前，医生用木棒把病人打晕或用酒把病人灌醉，利用昏睡的时间进行手术。麻醉药的原理是阻断神经细胞上的Na^+通道，使细胞不能兴奋，这样痛觉和其他感觉都无法传递。虽然麻醉可以止痛，但它造成暂时的神志不清和肢体麻木，只在手术过程中使用。麻醉有一定风险，麻醉师必须随时观察病人的呼吸、心率，否则病人有可能因麻醉过深或麻醉剂过敏而呼吸停止。“打封闭”是将局麻药和一定浓度的糖皮质激素注射到病变区域，能解除痉挛、抑制炎症、减轻疼痛，在治疗肩周炎、网球肘、腱鞘炎、腰椎间盘突出等症时经常使用。适当“打封闭”对疾病治疗有帮助，但它不是治愈疾病的根本之计。

镇痛暂时地消除疼痛，或者说疼痛依然存在，只是不被感觉到而已。对于一些饱受疼痛折磨的病人，医生把矛头直接对准了痛觉的终端——脑。脑中的痛觉感受区分布很广泛，不可能完全切除，有一种办法是切开“额前叶皮层”。一位英国妇女患有顽固性疼痛，她吃过各种止痛药，甚至切断神经，都不管用，最终她接受了看起来极不人道的“额前叶切开术”，医生用冰镐从眼眶刺入大脑，将额前叶和大脑的其余部分切断。额前叶并非感受痛觉的皮层，但它和意识相关，被认为是神秘的灵魂通道。手术后，那位妇女对效果感到满意，她淡淡一笑说：“事实上疼痛还在折磨我，可是我已经不再介意了。”

与病痛同行

疾病伴随着疼痛，疼痛既是一种促使病人及时就医的警戒信号，又是一种造成情绪低落和功能紊乱的严重症状。一味加大止痛药的剂量显然有害健康，外科手术又有风险，有时医生要做的是——帮助病人有足够的勇气和信心来对抗病痛。这在医院里非常罕见，医生要么说“这种病总是要痛的”，要么轻描淡写地安慰“痛过这一阵就不痛了”，少有医生思考和传授疼痛的意义。

疼痛有什么意义呢？生病有什么意义？史铁生在《病隙碎笔》中写道：“生病的经验是一步步懂得满足。发烧了，才知道不发烧的日子多么清爽。咳嗽了，才知道不咳嗽的嗓子多么安详。刚坐上轮椅时，我老想，不能直立行走岂非把人的特点丢了？便觉天昏地暗。等到又生出褥疮，一连数日只能歪七扭八地躺着，才看见端坐的日子其实多么晴朗。后来又患‘尿毒症’，经常昏昏然不能思想，就更加怀念起往日时光，终于醒悟：其实每时每刻我们都是幸运的，因为任何灾难的前面都可能再加一个‘更’字。”

作为一个长年被病魔纠缠的人，史铁生靠着思索和颖悟，摆脱病痛的纠缠，居高临下地俯瞰自己尘世的命运。疾病确实令人明白健康的珍贵，

并看淡了以前看似珍贵而其实不足道的东西，从大病中恢复的病人，往往有一般人不及的从容平静。在疾病之中，有的则是对信心的试炼和打磨。《病隙碎笔》中提到作者的已故好友周郿英："他躺在病房里，瘦得只剩一副骨架，高烧不断，溃烂的腹部不但不愈合反而在扩展……窗外阳光灿烂，天上流云飞走，他闭上眼睛，从不呻吟，从不言死，有几次就那么昏过去。就这样，三年，他从未放弃希望。现在我才看见那是多么了不起的信心……三年之后的一个早晨，他走了。这是对信心的嘲弄吗？当然不是。信心，既然不需要事先的许诺，自然也就不必有事后的恭维，它的恩惠唯在渡涉苦难的时候可以领受。"

忍耐疼痛——因着对生命的执著，对事业的不舍，对亲人的爱恋。对信仰宗教的人来说，更包含了对天堂的向往，藉着疼痛将以往的罪孽炼尽。如果疼痛是有意义的，就不那么难以忍受了——战场上的士兵可以忍受在没有麻药的情况下截肢，和死难的同伴相比，他们已经非常幸运了，这也是一种意义。我想强调的是：痛觉作为一种主观感觉，和人的思维密切相关，当痛觉混合了恐惧、怨恨、烦恼，会显得越来越难以忍受。反之，痛苦的程度就会减少。心理调节能起到镇痛作用，只要默念"我不感到痛"，痛觉便减轻7%~20%；看有趣的电影，痛觉便减轻27%~29%。心理镇痛已被临床医生所采纳，通过催眠术可在减少麻药的情况下为病人进行手术。气功疗法也是通过意念调节，使全身肌肉放松，从而对头痛、胃痛以及各种神经痛产生疗效。

疼痛的历史

翻开人类的历史，几乎每一页都血迹斑斑，战争、刑罚、阴谋和屠杀比疾病更令人恐惧。长平之战，白起活埋赵军降卒40余万，天地为之变色。睢阳之战，城中弹尽粮绝，连战马和妇孺都被杀了吃掉。第二次世界大战，总计7000多万人死亡，占当时全世界人口的3.18%。数千年来，战争如幽灵一样在世间游荡，所到之处遍布硝烟和白骨，它固然充满伤痛，却又是人类前进必经的阶梯。每当社会矛盾激化到一定程度，只能通过战争来解决，战争之后，社会各阶层重新洗牌，适应历史潮流的新生力量发展壮大。

战争如分娩之前的阵痛一样难以避免，人类却始终向往和平、自由、美好的明天，无数仁人志士为之思索、奔走、奋斗和牺牲。电影《风声》中恐怖的刑讯场面令人不寒而栗，对个体来说，最痛苦的莫过于落入敌人的手里被肆意折磨，那不仅是剧痛的逼迫，还有对命运的完全无法掌控。我曾在歌乐山下住过半年，天天听着红岩魂广场传来的歌声。70多年前这里就是人间地狱，所谓的“政治犯”在阴暗的囚笼里饱受摧残。我想：他们为什么不叛变？一种理由是：如果叛变，会有更多的人受折磨，那是违背道义的，对他们来说更加痛苦。当叛徒的下场很可悲，他们自己也可能惶惶不可终日，所以不得不打消这个念头。另一种理由是：他们看到了共和国的曙光，看到了信仰中的红旗飘扬，这种喜悦大过加在肉体上的伤痛，甚至大过死亡。

这个世界上有强权、有压迫，人的本性贪生怕死、害怕疼痛。这并不是过错。可如果人人都是这样，我们今天将仍匍匐于野蛮强权之下，过着没有自由和尊严的生活。这个世界上总是有一群人，愿意为了更多人的美好明天而承担痛苦，虽然人数很少，却如星辰照亮了黑暗的旅程。

心灵之痛

生于这个时代的人极少遭受严刑拷打，受疾病折磨的时候也不多，具有普遍性的是心灵的疼痛。你站在大街上观察过往的行人，有多少是面带微笑的？多数人行色匆匆、形容忧虑，仿佛生活的重担压在肩头，若去细细查问一番，会发现人生充满矛盾：信仰的迷惑、事业的挫折、经济的贫困、亲人的离别、爱情的幻灭……都激起痛苦。

我们小的时候，对人生的痛苦没有多少体会，随着年龄的增长，痛苦越来越多——这就如同人类在伊甸园中，不知道善恶美丑，过得逍遥自在，一旦吃了分辨善恶树上的果实，反而得来无穷的烦恼。如果我们不想成为有作为的人，痛苦也许会少一点，当我们努力追求更好的人生，就发现人生充满问题——这是一种痛苦，解决它们，会带来新的痛苦。各种问题结队而来，人生不断经历沮丧、悲哀、寂寞、恐惧、焦虑、痛苦和绝望的打击，变得苦难重重。

大多数人选择规避问题来摆脱痛苦。有的人不断拖延时间，等待问题自行消失；有的人对问题视而不见，尽量忘记它们的存在；有的人与烟、酒、毒品为伴，换得片刻的解脱。然而这些行为并不能真正地消除痛苦，甚至使痛苦更为剧烈。许多人由此成为心理疾病患者，生命力逐渐退化和萎缩。

如何面对人生中注定存在的痛苦呢？生理学给出的答案是：人生的问题和痛苦具有非凡的价值，勇于面对难题，敢于承担责任，才能使心灵变得健康。在一个舒适的小圈子里待着，是感觉不到痛苦的，只有走出这个舒适圈，看到自己的缺乏和无助，才会感到痛苦，这时要做的不是缩回以往的圈子里去，而是经历风吹雨打，让自己变得强大。这也正是孟子说的："故天将降大任于斯人也，必先苦其心志，劳其筋骨，饿其体肤，空乏其身，行拂乱其所为，所以动心忍性，曾益其所不能。"当我们足够强大，足够成熟，痛苦是不是不存在了呢？不！痛苦依然存在，甚至比以前更加强烈，但是我们有了足够的力量来承担。

宗教对人生的痛苦有着极为深刻的阐释。佛教认为生、老、病、死、爱别离、怨憎会、求不得、五阴炽盛都是苦的，要摆脱这种痛苦，就要熄灭欲念，走上通往涅槃之路。这也就是佛祖讲法时开示的"苦集灭道"四圣谛。基督教把苦难当作"与主同背十字架"的荣耀，藉着苦难炼尽内心的邪情私欲，成为圣洁的人。在《圣经·约伯记》中，约伯不断遭受厄运的打击，他忍不住质问上帝：作为一个虔诚的信者，他为什么要遭受如此深重的苦难。上帝把伟大的创造指给他看，意思是说：这就是你要接受的全部，威力无比的现实，这就是你不能从中单单拿掉苦难的整个世界！约伯于是醒悟。

漫漫人生路，不可能没有苦难，但是对于一个有信仰的人来说，苦难中仍有信心、盼望和爱。奥地利心理学家弗兰克尔被纳粹逮捕，关押在捷克北部的特莱西恩施塔特集中营，后被转往奥斯维辛。他的父亲、母亲、兄弟和妻子悲惨地死于集中营，他本人饱受饥饿、寒冷和拷打的折磨，所有熟悉的生活目标都被剥夺，价值体系都已崩溃，正是在那样的绝境之中，他领会了生命的意义，发现了“人的最后一种自由——在一种既定的环境里选择他的态度”。

痛苦与欢乐

即使从生理学来说，痛苦和欢乐也是相辅相成的。痛苦的过程会刺激大脑释放脑啡肽，带来非同寻常的快感，这可以解释人为什么喜欢吃辣椒、喜欢烫脚、喜欢大力的按摩，甚至喜欢受虐。我并非提倡以这种方式来寻求快感，这其中有非常微妙的度的问题，我只想说明痛苦和欢乐是常常并存的。“痛并快乐着”是现代人很流行的说法，每个人都会有各自的体会。就我而言，最快乐的时光就是在灯下编织这些文字，虽然过程十分枯燥，时而冥思苦想，也未必能带来什么实际的好处，但是一种创造和倾诉的喜悦常常溢满全身。我准备博士考试的1个月里瘦了10斤，当时非常辛苦，但目标明确，日有进展，也是记忆中一段快乐明朗的日子。我还记得有一年到海南旅游，一行人在海水中泡了大半天吹着冷风回到酒店，服务生端上一碗热腾腾的椰子炖鸡汤，不可思议的香甜至今深深镌刻于大脑，此后吃到的各样美食都无法与之相比。这里面固然有和朋友们分享的快乐，但那天的劳累、寒冷、饥饿岂不是最好的铺垫吗?

欢乐也可以转变成痛苦。如果喜欢吃糖，就得做好牙疼的准备；如果考试前夕还通宵看电影，就得忍受成绩不理想甚至补考的打击。《菜根谭》中有：“耳中常闻逆耳之言，心中常有拂心之事，才是进德修行之砥石。若言言悦耳，事事快心，便把此生埋在鸩毒中矣。”这话若浓缩成8个字，就是“生于忧患，死于安乐”。

追求欢乐本身并没有错，然而现代人的迷误之一，就是太喜欢追求短暂的快乐了。比如喝一杯酒、看一场电影、买一个名牌包包，带来的快乐都不能持久。再比如很多人孜孜以求的名利权情，追求的过程很辛苦，追求到了又不过如此，何况富了可以更富，成功了可以更成功，如果人生目标建立在这些上面，就难以摆脱欲海无边、患得患失的痛苦。

死是人间的至痛。

无论有过多么辉煌的成就，当大限来时，一切都化为尘土。宗教也谈永生和来世，但今生毕竟是告一段落，曾经哭过、笑过、爱过、恨过、追求过、领悟过的，通通随着肉体的毁灭一起消歇，无人过问。面对必死，我们体会到生命的空虚，但它是神圣不可动摇的自然法则，如果没有死亡，就没有新生。如果没有死亡，生命会显得松散飘摇，不可把握。一件事今天做，或明天做，有什么区别呢？如果生命可以无限延长，我们将日复一日消磨，失去焦虑，也失去激情。

因为死亡的存在，我们才迫不及待地寻找生命的欢乐和意义，试图在有限的时间里创造尽可能大的价值。因为死亡随时可能夺走我们的亲人，我们才会等不及地去爱，去分享在一起的分分秒秒。死亡将无情地毁灭我们，但此刻我们心怀柔软，享受着生命之光的绚烂欢乐。

自愈与升华

无论如何，痛苦本身不令人愉快，我们没有必要自找苦吃。遭遇痛苦的时候，我们要确信生命有着强大的自愈本能，身体或精神的伤痛都可以在时间中获得修复。我常惊讶于口腔黏膜的修复能力，它若是被烫伤或划伤，24 小时之后就愈合了。皮肤、肌肉、骨骼和某些内脏都可以再生，肝脏甚至可以在切除 80%之后慢慢恢复原先的大小。

大脑虽不比肝脏顽强，但它可以选择遗忘——曾经痛彻心扉的事件在多年之后只引起一声低微的叹息，那些尖锐刺痛的细节不复清晰，即便想起也不是那样难以忍受了。时间公正地对待每一个人，又推演着万事的因果，安心忍耐的人终必找到满意的答案。

痛苦之中，人会重新认识自我。知名心理治疗师斯佩桑诺这样描述：通过你们的弱点，去发现你们的优势；通过你们的痛苦，去发现你们的兴趣和快乐；通过你们的恐惧，去发现你们的安全和保护；通过你们的孤独，去发现你们的能力，去经历实现理想、表达爱情与共同拥有的体验；通过无望，去发现真实的有理由的期待；通过童年时代的缺失，去发现今天的充实。

痛苦之中，人会发挥巨大的潜力。西伯拘而演《周易》；仲尼厄而作《春秋》；屈原放逐，乃赋《离骚》；左丘失明，厥有《国语》；孙子膑脚，《兵法》修列；不韦迁蜀，世传《吕览》；韩非囚秦，《说难》《孤愤》。诗三百篇，大抵圣贤发愤之作也。就是看看我们身边那些闪耀人格魅力的人，也不是轻轻松松修炼到的，那背后有着怎样的辛酸历程——若是他们不说，你永远无法想到。

痛苦之中，人会踏上信仰之路，当他与永恒和无限连接起来，就超越了肉身的痛苦。希望每一位读者和我自己都抱定这样的信心：我们怀有某种使命来到这个世界，无论欢乐和痛苦都出于祝福。即便身处痛苦之中，不明白命运为何如此安排，但当事情过去之后，总会显现出它的意义，那将是一个新的世界。

第七章　快感——致命的诱惑

快感并非特定的感觉，迄今为止找不到专门的神经纤维传递“快乐”。然而快感体验却无处不在，从吃、喝、性爱、购物、观影、做白日梦，到追求成功、健康、幸福的各种体验，都有快感作为滔滔不绝的原动力。它像浮现在夜空中的萤火虫，吸引着人们兴高采烈地向前追赶，哪怕脚下荆棘密布也不退缩。

快感的源头便是感官。为了眼睛的快感，人们装修家居、置办首饰；为了耳朵的快感，人们听MP3、看演唱会；为了舌头的快感，人们钻研厨艺、搜寻酒肆；为了鼻子的快感，人们涂抹香水、勤于沐浴……这些行为是理所当然的，只要不是太过分，对我们的生活有益无害。令人担心的是，当快感强烈到无法摆脱的程度，人会迷失本性而沉湎在快感刺激与失去快感的苦闷中。

毒品是最具有代表性的邪恶快感，没有吸过毒的人恐怕难以体会吸毒的感觉。据说那是一种心想事成、烦恼全无的极乐状态，倘若可以一直持续下去倒也令人羡慕。关键是，它无法持久，而且很容易成瘾，吸毒者要么不断加大剂量维持原有的快感直到形销骨立，要么被戒断症状折磨得死去活来。此刻的快感犹如披着天使外衣的魔鬼，露出它美丽画皮下的狰狞面目。

人类的各种行为都可以在快感中找到原因，从最高尚到最卑鄙的，从最柔美到最恐怖的——快感是潜伏在内心深处的人性。德国42岁的电脑专家迈韦斯在网上寻找“食物”，找到了一个愿意被他吃掉的人。他们在一处乡间农舍见面，然后迈韦斯杀死对方并把尸体放进冰箱，一餐餐分而食之。为什么他有着如此可怕的想法呢？调查发现他自幼被父亲抛弃，深感孤独，他很想有一个弟弟，拥有这位弟弟最好的方式就是吃了他，和他融为一体。至于那位“弟弟”为什么心甘情愿被吃掉，必定有另一番难以言表的心路历程。或许在他们看来，彼此都找到了快乐，却为人间的礼法所不容，我们不禁要屏住呼吸，审视如亚当的苹果般隐藏着罪性的快感。

神秘核团

快感的电流环绕脑中一个神秘的区域——下丘脑。它位于两个大脑半球之间，与愉快的情绪反应有着极为密切的联系，对摄食、性行为、防御行为等都有重要的调节。如果电刺激实验动物下丘脑的“愉快中枢”，动物将表现出亢奋和快乐，并试图自己按动电刺激的开关。随着电流强度不断增大，动物乐此不疲，直到昏迷死亡。与之相对应的“痛苦中枢”位于杏仁核，电刺激实验动物的杏仁核会引发愤怒、恐惧、焦虑等情绪。临床上为了治疗严重的躁狂症或毒瘾，曾经采用切除和情绪相关的神经核团的方法，患者不再有强烈欲望和攻击性，变得淡漠、缺乏激情，对自己的亲人也无动于衷。

大脑的前额叶皮质也被认为是引起愉悦感的重要脑区。脑成像技术发现，人在进食、饮水、性交和哺育行为时，这部分脑区变得更加活跃。各种成瘾物质均直接或间接地作用于大脑腹侧被盖区的神经元，促进多巴胺递质的释放，从而将信息传递到前额叶皮质。外来刺激和前额叶神经元之间形成了一个奖赏通路，生理和心理都渴望不断地接受外来刺激（奖赏）并获得愉悦，在这种愉悦的驱动下寻求新的奖赏。当刺激停止时，人会陷入痛苦的戒断症状；而多次刺激后，人的耐受性会提高，必须增加刺激强度来获得同样的满足，于是越陷越深，不能自拔。

科学是否告诉我们——人类所以会屈服于快感，是由于自身构造上存在不可弥补的缺陷呢？大自然创造人类，实在是颇费苦心，比如我们的胃液是pH值接近1的强酸，足以造成胃溃疡的危险，但是没有这样高浓度的酸杀菌，我们将遭受消化道传染病的侵袭。快感与其神经构造也是如此，没有它们，我们不想吃饭、无心恋爱，既不作恶，也不为善，生命如同一潭死水；而有了它们，我们有可能成为成瘾者，必须小心走过欲望的悬崖。

毒品的快感

毒品对中枢神经产生刺激，带来强烈的欣快感。从罂粟中提取的鸦片是流传最广的毒品，吸食后全身温暖酥软，忧愁尽扫。关于鸦片有一个惊人的传说：苏禄国国俗裸葬，一亩地里层层叠叠尸骨交错，可以埋下上百个家族的人。几百年之后，土地被骨髓浸得肥沃无比，罂粟就在这墓地里繁衍而出。它吸了数百年间的陈人膏血，拥有无可抵挡的妖媚与蛊惑。这传说形象地道出鸦片暗中吸人脂髓的阴险，它损伤循环系统、消化系统、造血系统和免疫系统，使人食欲不振、瘦骨嶙峋、无精打采、哈欠连天。从罂粟中提取的鸦片，可进一步提炼成海洛因，若采用静脉注射的方式，两三次即可成瘾。

大麻看起来没有那么危险，刚开始吸食的时候，它会带来精神振作、思路清晰的良好感觉。有人吸大麻之后立刻变勤快了，把家里打扫得干干净净，做事情有条不紊，但是好景不长，随后大麻将带来幻觉、妄想、偏执、记忆力减退、人格扭曲。20世纪50年代，大麻和摇滚乐席卷了美国，嬉皮士们聚在一起微笑着传递大麻，乐队演出的舞台上，观众扔上来的大麻卷烟几乎埋掉了脚面。与此同时，他们乱交、盗窃、谋杀、自杀……沦为“垮掉的一代”。

人工合成的新型毒品具有更强的隐蔽性，常在娱乐场所起“助兴”的作用。它们包括冰毒（甲基苯丙胺）、摇头丸（亚甲二氧基甲基苯丙胺）、K粉

（氯胺酮）、LSD（麦角酸二乙基酰胺）、麦司卡林（三甲氧苯乙胺）等。新型毒品貌似“温和”，实际上同等剂量的新型毒品比传统毒品的毒性和成瘾性更强，服用这些毒品会使心跳加快、血压升高、体温急剧上升、心血管功能衰竭、脑细胞严重损伤甚至死亡。

毒品如千娇百媚的妲己，犯不着亲自动手杀人——更多瘾君子死于自杀、艾滋病、斗殴、贫困潦倒。它是不可碰触的生命禁区，有些人心存侥幸想尝到滋味就罢手，可是尝到了就没法罢手，尝不到又不甘心，最终都难逃悲惨的命运。对已经吸毒成瘾的受害者来说，顽强毅力和科学方法成为戒除毒瘾的一线生机。当年张学良将军把自己关在一间小房子里，经历痛苦折磨终于戒掉了毒瘾。强制戒毒对有些严重毒瘾者可能危及生命，可采用美沙酮等替代药物逐步戒毒。心理辅导和家庭治疗对戒毒者的康复非常重要，只有不离不弃地帮助关怀，才能带他们重回家庭和社会的怀抱。

烟草和酒精

起源于南美洲的烟草和毒品没有本质区别，只是中毒过程更加漫长而已。毒品受到明令禁止，烟草却伴随着巨大的经济利益在全世界普及。烟草中的尼古丁使吸烟者感到“清醒提神”，同时具有使人上瘾的魔力。一旦吸烟者血浆中的尼古丁含量相对减少，吸烟者会出现想吸烟的欲望，当血浆中的尼古丁上升到一定水平时，会产生一种“满足感”，这就是尼古丁依赖。

大量研究证实：吸烟与肺癌、膀胱癌、支气管炎、冠心病、高血压等20多种疾病的发生有关，长期吸烟者肺脏布满黑斑，如同败絮。有人说吸烟者不会得老年痴呆，因为等不到老年痴呆就死去了！吸烟不仅透支自己的健康，也给家人和同事带来危害，还容易引发火灾。目前中国约有3.5亿烟民，每天抽掉50亿支香烟，占世界消费总量的$\frac{1}{3}$。随着发达国家人民对烟草的日益抵制，西方烟草公司的关注点转移到中国，纷纷与中国烟厂签订合约，未来中国是否会重蹈“鸦片战争”的覆辙，就看国人在烟雾缭绕下是否清醒。

酒是天赐的甘醴，若没有酒，世界一定会少掉很多欢乐时光和精彩诗文。适量饮酒可促进血液循环，但是长年累月的超量饮酒或一周数次大醉，会造成酒精依赖。每当血液中酒精浓度下降，能量代谢就发生紊乱，人变得烦躁不安、易怒，对家人朋友漠不关心。过量酒精随血液流经全身，损伤大脑、肝脏、生殖系统，引发上消化道大出血、心律失常、胰腺炎、呼吸麻痹……古往今来这样的例子数不胜数。据说商纣原本是个聪明有为的帝王，因饮酒而荒淫误国，周朝厉行禁酒，此后也有不少朝代把酒视为洪水猛兽。

天下饮料多矣，不必独独钟情于酒，若真的爱酒，也要做到适可而止，控制在每天白酒 1 两、红酒 4 两、啤酒 1 斤的范围内。对于烟草和酒精依赖者而言，令人欣慰的是：戒烟戒酒比戒毒容易许多。戒烟有专门的口香糖和皮肤贴剂，戒酒可用维生素和促代谢药物治疗。为了获得稳固的胜利，成瘾者不妨参加一些戒烟戒酒的组织，通过团体的力量增进信心、转移注意，顺利告别过往的生活。

性 快 感

性是本能的需要。男女媾和，万物化生，若是没有性，自然界和人类都不是现在这个样子。性快感是性爱过程中的体验，带来身体和心理上的愉悦和放松，有人形容它是春暖花开般的温暖和煦，有人形容它是云中漫步的轻盈飘逸，有人形容它是海天一线的波涛汹涌，具体则因人而异，难以表述。

大量的文学作品和影视对性快感做过极度渲染，以致不少青少年感到挫败。有个女孩对自己的初吻非常失望，她认真研读了报刊上关于接吻的25种姿势的介绍，并完全按照要求去做，结果却“一点感觉也没有”。更多的成年人看了电影里火辣的性爱场面后，对自己的能力感到担忧。现代人太看重技术层面的东西了，而忽视了所谓“琴瑟和谐”，没有心灵沟通为基础，再强烈的快感也是倏忽即逝，滑入低谷。

从心理上说，性是与他人完全融合的渴望，是摆脱孤独的抗争，与另一个生命建立至深的连接。在价值取向多元化的今天，灵与肉依然难以分割，性快感的背后必然包含思维和情感的波动。多数人在无爱之性后感到羞耻和自我谴责，表面看来他们开放活泼，尽享身体愉悦，其实大部分人绝望焦躁，试图弥补内心的空缺。

有多个性伴侣的人被困于性成瘾的泥潭，这不一定是激素在作祟——当然性激素分泌过多确实有增强性欲之虞，适当控制促进性激素合成的动物类食品吧——更可能是一种心理失衡。他们不断寻找新的刺激，一旦停下来就陷入生命虚无的恐慌。他们很难真正爱上自己，在反复的抛弃和被抛弃之后，心灵已经伤痕累累，不堪触碰。

性泛滥使许多人陷入痛苦的深渊：婚姻破裂、疾病传染、感情纠葛、利益争夺……然而并非无药可救。我曾听过一位美国男子的经历。他说自己在大学里浑浑噩噩，整天想着追求女孩，哪一天没有性就没法过日子……他的女朋友就坐在旁边，用善良的眼神鼓励他。后来她继续说他们如何相识，如何相爱，如何一起做工，成为新的人。他们并非在宣扬彼此多么相爱，而是告诉人们世上有一种爱，能把百孔千疮的心灵和肉体一起拯救出来。

赌博与网瘾

赌徒是被赌博快感折磨到疯狂的人，他们不是逢年过节小打小闹地赌一把就能满足，而是越赌越兴奋，赢的时候欣喜若狂，输的时候歇斯底里。有的赌徒剁下手指表示痛改前非，但伤口未愈又出现在赌场上，无论亲人如何哀求都置之不理。赌博成瘾也和大脑中的奖赏回路有关，赌徒看到赌博或听到关于赌博的言论时，就如吸毒者看见毒品一样，大脑额叶的某些区域表现出活性增强，脑中多巴胺的分泌增多。人群中约3%的人容易对赌博产生病态“心瘾”，即便他们是政府官员、教授学者、商界精英也可能沦为赌徒，遭受倾家荡产、家破人亡的厄运。

精神分析学派认为，赌博是攻击本能的一种无意识的取代形式，是罪恶感寻求自我惩罚的方式，赌徒有“要输”的潜意识欲望，赌博可以减轻其潜意识里的罪恶感。似乎一切恶习都和人缺乏自爱的能力有关，当人在潜意识中觉得自己是不好、不可爱的，就会启动“自毁”程序，趋于沉沦、自杀和犯罪。解除恶习的根本措施应该是帮助当事人重新爱自己、欣赏自己、相信自己配得上拥有美好的事物。

对戒赌来说，可以服用一些阻断成瘾的药物，或采用想象式减敏感法、放松练习、厌恶疗法等心理治疗。值得一提的是，有些赌场“老千”目睹血淋淋的惨剧后幡然醒悟、金盆洗手，还现身说法揭露赌场中花样繁多的骗术。十赌九诈，普通人就是被骗得晕头转向的傻瓜。不少赌徒看罢“老千”的表演后知道自己根本没有赢的可能，就此绝了赌博的念头。

“网瘾”如赌瘾，只是赌的不是钱，是大把大把的时间。有的年轻人连续网游十几个小时，连水都不喝一口，最终因血液瘀滞造成肺栓塞或脑栓塞。我国目前有数千万网迷和网络成瘾者，14~24 岁的占 85%以上，分属游戏成瘾、交际成瘾、信息收集成瘾、网络色情成瘾等类型。网瘾者对网络世界念念不忘，对现实世界漫不经心，总嫌上网的时间太少，一旦无法上网就焦虑不安。

华中师范大学陶宏开教授是戒除网瘾的知名人士，学术界对此人的观点褒贬不一、众说纷纭，但有一个观点我是支持的：每个孩子都有一颗向上的心。他们之所以沉湎于网络世界，是因为在现实世界里找不到快乐的来源，得不到认可、看不到前途、听不见关切。因此戒除网瘾首先要给孩子充分的理解和支持，引领他们在现实中望见幸福的方向。治疗网瘾以心理辅导为主，配合药物治疗、运动治疗，各方面平衡生理心理状态，把他们带回真实的世界。

恐怖与暴力

《沉默的羔羊》中变态杀人狂袭击年轻女性，人格分裂的心理医生吞吃活人肝脏，血腥场面一再出现，却被无数观众誉为悬疑恐怖片的经典，不能不说人性中隐藏着对恐怖的快感。在恐怖刺激下，人的肾上腺素飙升，心跳加快、呼吸急促，就像我们的祖先和野兽搏斗时一般惊心动魄，那种感觉对现代人来说太陌生了，因此显得格外新鲜刺激。

恐怖片、灾难片大行其道的又一重要原因是为了释放压力，虽然看片子的时候很紧张，看完后如释重负、得到宣泄。灾难片的套路大多是天翻地覆、险象环生，最终男女主角齐心协力逃出生天；恐怖片却常常留下伏笔，好像《午夜凶铃》中的贞子随时准备爬出来索命。想想看，假如有一天你卧病在床，曾经看过的恐怖镜头在脑海中回放，洗手间传来阴森森的滴水声，走廊上模糊的阴影渐渐逼近，灯光闪动几下后突然熄灭了，你能保证自己心脏病不发作吗？

与虚构的恐怖片相比，现实世界的暴力更令人发指，然而也有人从中获得快感。战争是最典型的例子，许多战犯回忆说："刚开始杀人觉得很难过，希望身负重伤的对手快一点解脱。但是后来就不一样了，杀人带来一种亢奋的快感，看着对手痛苦挣扎，觉得自己很强大。"暴力是对庸常自我的撕裂，对受压抑本我的回归，以非常规的方式对超我的补偿。它不一定完全是邪恶的，就像战争不一定是非正义的。但若单纯为了快感而采取暴力，人会滑入兽性的深渊，找不到宁静的快乐。

社会中出现的打架斗殴、抢劫杀人、野蛮执法、家庭暴力，我们呼唤法律和道德的约束，也希望社会提供正常的宣泄渠道，比如有的中学设立了宣泄室，专供学生发泄心中的愤怒。宣泄本身不会导致暴力，模仿才是诱发暴力的催化剂。报载有中学生绑架案，从筹备、执行到反侦破天衣无缝，都是跟电视剧学来的，媒体该好好反思一下暴露阴暗面时所产生的负面影响。对个人而言，暴力常常是内心虚弱的表现——真正的黑带高手不可能轻易大打出手，只有小流氓才动辄寻衅滋事，强者在拥有力量的同时具有控制这种力量的能力，这就是我们中国人说的外柔内刚、外圆内方。

工作狂和购物狂

有的人拼命加班、疯狂购物、暴饮暴食、喋喋不休、闲散懒惰、蜚短流长……其直接原因也是一时的快感。我们且以工作狂和购物狂为例来看看各种行为模式背后的心理动机。工作狂经常被贴上"优秀人才""精英""成功人士"的标签，他们把几乎所有的时间和心思都花在工作上，以办公室为家，以工作业绩为重，对亲人和朋友却常常忽视——社会对此多抱肯定态度，先进事迹报告会上常出现某人 365 天坚守岗位，连过年都无法回家和亲人团聚之类的讲演。

工作狂属于脑的可塑性比较强，容易形成奖赏回路的人。他们对烟酒咖啡这些“低级趣味”没兴趣，对工作情有独钟。工作带来的荣誉、地位、金钱如筹码越积越高，如雪球越滚越大，使他不敢停下来，停下来就压力剧增。为了在竞争中独占鳌头，工作狂加班加点、夜以继日，常处于力不从心、刹车失灵的应激状态，长此以往可能因胃溃疡、心绞痛、神经衰弱而真的身心失灵。中国正处于快速发展的时代，我们固然要努力工作，但是必须在健康的前提下。忙忙碌碌终日奔走的人该想想，什么时候停下来品尝工作的果实，审视生活的重心，享受仅有一次的不能重来的生命。

如果说工作狂如蚂蚁一般埋头苦干，购物狂就如蝴蝶一般翩翩起舞。购物狂有“血拼女王”“时尚达人”“月光族”等别名，其特点是花钱如流水，频频出没于商场、超市、购物街和网店。他们往往缺乏自信、内心空虚，只得用购物的方式来填补。有人遇到挫折的时候会摇身变成购物狂——售货员笑脸相迎、衣服首饰漂亮的包装、刷卡时潇洒的手势会让他们获得极大的满足，买回一堆几乎用不上的东西。花钱是一种艺术，被冲动所胁迫的购物狂们体会不到这种艺术。钱除了转变成商品，还有很多种花法，最能带来快乐的莫过于与人分享。

快乐与幸福

快感不等于快乐，就像幸运不等于幸福一样——快感偏重于感官体验，而快乐偏重于内心感受。喝一杯酒、看一场电影、发一笔意外之财、得到老板的夸奖、和朋友出去旅游……能带来或短或长的快感，而成为一个快乐的人，需要学会从平凡生活中提炼“金子”的能力。

假如你不够快乐，下面这些建议希望成为你通往快乐的阶梯：经常给自己喝彩，对每一个小小的胜利都给以肯定；接受自己的与众不同，相信自己是上帝独一无二的作品；把快乐的事情写下来，没事翻开看看，由此对生活怀有感恩之情；不要为过去的事难过，要知道每个人都遭遇过不幸，冥冥之中有一架天平；把注意力集中在今天，这是你最大的财富，也是决定你能否快乐的唯一时刻；学会减压，必要的时候放慢脚步、积蓄能量；多和乐观开朗的人交朋友，多多传播快乐。只要你肯练习，会一天比一天更快乐，乃至成为一颗欢笑的星球。

下面，我想谈一谈幸福。

它令人向往，是我们最深切的渴望，是一种绝对而终极的美丽。它又那么抽象，每个人都有着不同的理解。比较通用的幸福定义是：当你做一件事或处于一种状态，从中感受到充实、平静和快乐并且愿意持续不断地进行下去，那时所得到的内心感受就是幸福。与快乐相比，幸福更加持久和深远。

哈佛大学有一门“幸福课”，泰勒博士谈到关于幸福的一些具体方法。例如简单生活，一次只做一件事情。在信息化的时代，人们常常一边查看邮箱，一边整理报表，把自己弄得手忙脚乱，全神贯注地做一件事就会从容很多。他还提到体育锻炼对于抗抑郁有极其显著的效果，今天的人们往往坐着不动，抑制了身体最本能的需要。他讲的都是一些简单的规律，没有复杂难懂的道理，却是在众多的大学中，率先为幸福开课的人。令人奇怪的是，既然幸福在人生中占有如此重要的位置，为什么研究和学习幸福的人如此之少呢？

一个原因是：人们容易向外找幸福，而非向内。比如找到一个合适的伴侣，我就幸福了；薪水比现在增加一倍，我就幸福了。这种看似通往幸福的捷径使我们不断努力于某个遥远的目标，忽视了正在经历的日常生活。有时候，我们也知道幸福是一种内心体验，但是改变生活方式和思维习惯如此麻烦，以至我们不愿意花足够的时间去实践它。我们宁可盯着幸福如商场橱窗里精美的礼服，却不舍得付出代价来购买它，转而买下那些廉价的享受。

另一个原因是：很多人认为幸福是不能被追求的，越追求越不觉得幸福，而忘记它默默工作和生活的时候，幸福就像精灵悄悄停在你的肩头。

这句话蕴含的道理是，幸福的确不是某种具体的可以被占有的东西，它只是一个方向，当你向着那个方向前进，就能体会到幸福。那个方向在哪里，又该如何去接近呢——是每个人不得不亲自学习、摸索和领悟的过程——这又何尝不是幸福？

许久以来，我以为幸福是穿行在林中的青鸟，带领我一路跋山涉水、苦苦追寻。我为自己设下一个个目标，以为达到目标的那一刻，会成为幸福的人，可现实并非如此。如今，我愿意花更多的时间听从内心的声音，知道自己想要做什么、可以做什么、如何一步一步去做，为一个伟大的计划所鼓舞，怀着梦想活在当下，就是幸福。

第八章　温度觉——冷暖自心知

18℃，非常舒适。穿着薄薄的毛衣，用心体会一下，手臂会传来微微的凉意，手掌抚过，夹杂着淡若无痕的丝丝温暖。这是四月，和煦宜人，八重樱迫不及待地开出层层叠叠的花瓣，几乎一夜之间花团锦簇。万物欣欣向荣，享受着一年之中最明媚的时光。

温度是大自然奇妙的赐予，“今天的天气真好！”——因为阳光与风创造了这令人沉醉的温度。即使在炎炎夏日，也有阵阵清风带来凉爽的傍晚；即使在寒冷冬夜，也有红红的炉火和暖暖的被窝。离我们最近的月球上却不是这样光景。白天，阳光直射使地表温度迅速攀升至127℃。夜晚，温度降至−183℃。假如没有大气层，假如离太阳再近一点或远一点，地球也会是一团腾腾的热雾或冷寂的冰核，而非布满生命足迹的恩宠之星。

人是地球上最智慧的生命，对于温度有着非同寻常的敏感。传说很久以前，伊甸园里凉风四起，亚当和夏娃吃了智慧树上的果实，忽然发现自己赤身露体，就用无花果树的叶子编成衣服穿。这是《圣经》中人类先祖做的第一件大事，以后的子孙都以解决“温饱”作为当务之急，“衣食住行”中也把衣放在首要之位。

衣服只能保持我们的体温，真正供给我们热量的是细胞内的线粒体。它们像一个个小火炉，使用的燃料是食物中的蛋白质、脂类和糖类。一个成年人体内这三大营养素“燃烧”一天产生的热量，可以煮沸30千克水。

热量被产生出来之后，60%维持体温而消散到外界环境中，其余40%传给体内二磷酸腺苷（ADP）转化成三磷酸腺苷（ATP），以化学能形式贮存起来，供应肌肉收缩、神经传导、腺体分泌等各种所需。

人的体温通常高于环境温度，导致热量不断向外散发，这岂不是浪费吗？仔细一想，假如我们的体温比外界低，外界热量会不断辐射到我们身上，而我们只能通过大量出汗来降温，过不了一会就会脱水。还是目前这种状态比较合适，我们可以通过衣服、烤火、寒战、依偎等方法取暖。

从冷血到恒温

地球上只有鸟类和哺乳类是恒温动物，其余都属于变温动物：从草履虫到蚯蚓，从河蚌到鱼，从蜻蜓到青蛙……它们并不一定“冷冰冰”，只是比我们的体温低，加上没有完善的心脏，体温不够稳定。变温动物的好处是耗能少，乌龟或蜥蜴吃一顿大餐可以管几个礼拜，它们往往吃饱就睡，进一步把能量消耗降低下来，仅靠同体重恒温动物$\frac{1}{10}$的能量就能过活。但是波动的体温使它们到了夜间便行动迟缓，无法捕食，白天必须先晒一会太阳才能够活络起来。

人们常用“冷血”形容缺乏感情，冷漠凶残的人。似乎变温动物都是冷酷杀手，这是人类的偏见。冷酷与否和神经系统有关，和体温没有关系，变温动物的神经不那么发达，难以和人类沟通，人类也就另眼相看。体格庞大的恐龙是“冷血”一族的佼佼者，在地球上称霸了1.6亿年，占据了天空、海洋和大陆。探索频道带我们回到史前的森林，霸王龙向一只身长33米的超龙猛扑过去，超龙不耐烦地用尾巴将不自量力的挑战者甩得老远。灌木丛中，一个老鼠似的小东西吓得瑟瑟发抖，超龙俯下身瞅了瞅这个小家伙，不屑地走开了。这不起眼的小东西就是哺乳动物的祖先，它以昆虫和植物为食，为了躲避天敌演化出发达的视觉和听觉。它的生命周期只有几个月，基因不断地重组，劣势基因被淘汰，优势基因不断完善，分化出适应不同环境的物种。而此时，恐龙仗着身高体壮正无忧无虑地大吃大喝呢。

白垩纪末期，灾难发生了。地壳剧变、造山运动迭起、气候波动剧烈，身为变温动物的恐龙难以适应严寒，大批大批地死去。弱小的哺乳动物却顽强地生存下来，成为地球新的主人。哺乳动物具有稳定的新陈代谢水平和调节产热、散热的能力，从而使体温保持在相对恒定的水平。高而恒定的体温促进了体内各种酶的活性，使数以千计的生化反应有条不紊地进行。高温下，神经细胞对刺激的反应迅速，肌肉收缩持久有力，大大提高了捕食和避敌能力。恒温减少了对外界环境的依赖，扩大了生活范围，获得了夜间活动的自由。

恒温动物

鸟类的起源尚不清楚，有人认为它们是恐龙家族的幸存者，始祖鸟化石似乎支持这个结论——如果那样，恐龙总算劫后余生过渡到了恒温动物，还是地球上体温最高的动物。鸟的体温一般为39~42℃，较高的体温可能与羽毛绝热的效能有关。羽毛质地轻盈，表面积大，有利于飞行；羽毛竖立时，体表空气层加厚，有利于保暖；羽毛平躺时，体表空气层变薄，有利于散热。

鸟类没有汗腺，只能通过呼吸道的水分蒸发来散热，在炎热的环境中，呼吸加快加强，出现喘息。多数鸟类的耐热能力并不强，高温下容易出现脱水和代谢紊乱。它们会想方设法降温，沙漠中的鸟飞离滚烫的地面，在空中盘旋度过白天，海鸟背对太阳，双足和颜面置于身体的背阴处，森林中的鸟将水溅在双腿和身上帮助散热。

寒冷的环境中，鸟把背变成弓状，把头缩在翅膀下面，蹲伏着减少散热。企鹅除蹲伏以外，还能只用跗跖关节触地，使冰的传导降到最低。寒冷使鸟的甲状腺素增加，产热增大。不过总体来说，鸟的耐寒能力不强，除了企鹅之类不会飞的鸟，大多数鸟身体轻巧，脂肪储备不足，难以对抗严寒。候鸟选择了迁徙，在上升气流的烘托下，候鸟成群结队地飞向遥远的南方，它们飞行数万千米，越过茫茫的海洋和沙漠，克服风暴、冰雪和天敌的威胁，实现一个关于承诺的故事。

兽类（哺乳动物）通常有着毛茸茸的外皮，是天然的保温材料。它们的体温高低不一，鸭嘴兽为30~31℃，袋鼠为35~36℃，刺猬为34~36℃，牛为37.5~38.5℃，猪为38~39℃，狗和猫都在38.5℃左右。体积小的哺乳动物一般昼伏夜出，因为它们的体表面积与体积的比值较大，如果白天活动会使体内水分迅速蒸发。小动物还喜欢钻洞，这不仅有利于逃避敌害，也有利于调节体温。

骆驼被誉为沙漠之舟，是最耐炎热的哺乳动物。热带沙漠的骆驼长着短毛，有利于散热；温带沙漠的骆驼长着长毛和绒毛，有利于贮热；骆驼的体温可以波动于34~41℃，脱水20%仍安然无恙。猎豹是跑得最快的哺乳动物（时速约100千米），奔跑所释放的热能使体温快速增高，60秒内体温可高达40℃。食肉动物的汗腺都不发达，只能通过喘息散热。猎豹必须在60秒内全力以赴捕获猎物，否则它会因为体温太高不得不减慢速度。

北极熊生活在−40℃的冰天雪地，它的皮下脂肪非常厚，白色而稍带淡黄色的毛是中空的小管子，能防水隔热。科学家认为，北极熊的毛是一根根的小光导管，只有紫外线才能通过，是捕集温度的“工具”。北极熊捕食海豹、海象、海鸟、鱼类和小型哺乳动物，它们不会收藏食物，有时甚至享用完脂肪之后就扬长而去，这就便宜了懒惰的同类或北极狐。食物匮乏的严冬，北极熊会找一个避风的地方卧雪冬眠，遇到紧急情况能一跃而起，再展雄风。

人的体温

人的体温一般为36~37℃,这是在腋窝测得的温度,其他部位不完全相同。人体内部的温度较高，肝脏和大脑为38℃左右，肾脏和十二指肠在37.6℃左右,血液为37.5℃。睾丸是人体的“冷库”,温度在35~35.5℃。体表温度差异更大,且随环境温度而变化。室温27℃时,腋窝温度约37℃,头皮温度约33℃,躯干温度约32℃,手指尖约30℃,脚趾尖只有25℃。当室温降到4℃时,手指尖温度可降至24℃,犹如冬夜里冰凉的蔷薇。

人的体温在一天之中略有波动,早晨低,下午高,运动和进食也会使体温升高。女性的脂肪较多,体温比男性平均高0.3℃,月经期前或妊娠中略高于平时。儿童的新陈代谢旺盛,体温略高于成年人,老人则相反。这些波动和差异一般不超过1℃,否则就是病理状态。

体温高于正常称为发热,临床上低热为37.3~38℃,中度发热为38.1~39℃,

高热为 39.1~41℃,超高热为 41℃以上。发热时人体免疫功能明显增强,有利于清除病原体和促进疾病的痊愈,也促使病人休息,防止进一步的损伤。但是发热导致心跳加快、呼吸急促、汗液蒸发增多和能量消耗加大,必须补充水分和能量。过高的发热引起惊厥、昏迷,甚至脑细胞坏死,必须及时采取降温措施。某些人在体温达 41℃时发生惊厥,而 43℃为绝大多数人的体温的绝对上限。

体温低于正常时,血液循环变慢,血管收缩变硬,意识渐渐模糊。它见于休克、慢性消耗性疾病、甲状腺功能低下或者身体严重衰竭。居里夫人临终时,核辐射导致的恶性贫血使她不断高烧。一天清晨,她忽然感到周身凉爽,体温降低了很多。强烈的求生欲望使她误以为发生了奇迹,高兴地对女儿和护士说:“快看啊,大自然治好了我的病!”随后她很快陷入昏迷,怀着遗憾永远离开了心爱的镭实验室。

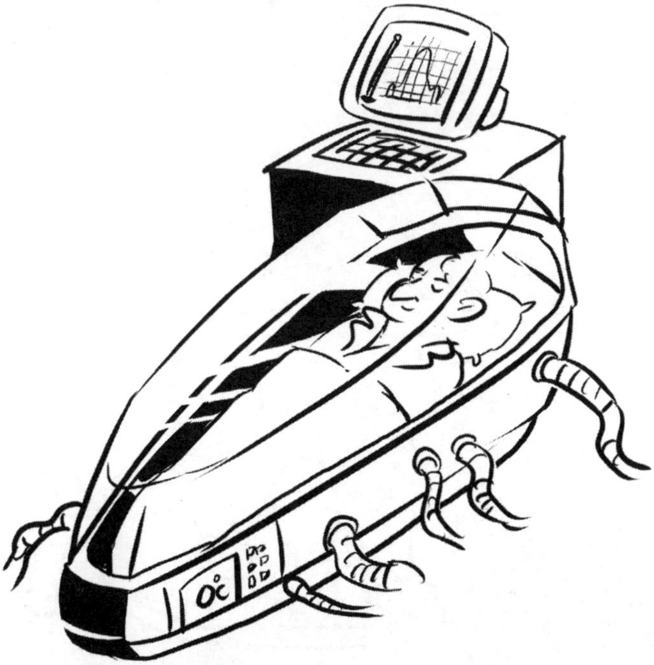

临床上有用人工冷却的方法使人进入麻醉状态,但体温一般不低于 28℃,否则心脑功能会出现严重障碍。低温麻醉下可阻断血液循环 10~15

分钟，为心脏手术创造了有利条件。医学家进一步的设想是：将绝症病人的体温迅速降至0℃以下，使新陈代谢停止，并在将来医疗技术发达疾病可以治愈的情况下将人体复苏。这一大胆设想的难点在于：0℃以下细胞内会形成冰晶，刺穿细胞膜和细胞器。这方面，北美木蛙提供了一份漂亮的解决方案，它可以全身冻成冰块，血流完全停止，在来年春天“死而复生”。实验发现，木蛙在低温下迅速将体内的糖原分解成葡萄糖，大量葡萄糖和细胞内的水分子结合，不易产生尖锐的冰晶。这一技术如果能被模仿，人类可能获得“封印之身”，像水晶棺材中的白雪公主一样沉睡和苏醒。

温 度 觉

我们感受的不是温度，而是温差，30℃的毛巾放在胸口是凉的，放在脚背是暖的。一对夫妇给孩子洗澡，孩子的小脚刚刚放进澡盆就一个劲喊“烫”。

爸爸伸手试了试水温，觉得还好，使劲把孩子的脚往水里按。妈妈急忙提醒："孩子的皮肤嫩呢，咱们觉得不烫，没准孩子觉得烫！"爸爸半信半疑地把自己的脚放到水里，果然被烫得缩了回来。

发出信号的是皮肤上的"冷觉"和"温觉"感受器，分别对冷热产生感觉。这两种感受器在体表呈点状分布，也称为冷点和温点。它们遍布全身皮肤，于面部、手背、前臂掌侧面、足背、胸部、腹部以及生殖器的皮肤较密集。冷点比温点多，手臂每平方厘米平均有13~15个冷点，而温点只有一两个；前额每平方厘米平均有5~8个冷点，缺少温点，故对冷敏感而对热的敏感性差。

传导冷觉的纤维是细而有髓鞘的Aδ纤维，分布在皮肤浅层，传导速度约为每秒11米。传导温觉的纤维是无髓鞘的C类纤维，分布在皮肤中层，传导速度很慢，约每秒0.6~1.0米。外界温度（如水温）上升时，温觉逐渐明显。上升到43~44℃时感觉最热，温度再升高，主观温觉不再增强。温度升高到45℃时，即开始有痛觉。外界温度下降时，冷觉逐步显著，环境温度下降到17℃时，开始感到难忍。主观感觉还与受刺激的皮肤面积有关。若受刺激的面积太小，温度觉不明显，加大受刺激的皮肤面积，温度觉逐渐清晰。20~40℃范围内，冷觉和温觉都可以发生适应，低于20℃或高于40℃时将难以适应。

人类能在−32℃的西伯利亚或58℃的利比亚生存下去，得益于衣服、帽子和树荫的保护。同时，我们还有一套感知体内温度的感受器，通过自身的生理功能调节体温。该感受器位于下丘脑——大脑下方的神经核团，感受流经该脑区的血液的温度。如果血液温度稍稍上升0.05℃，下丘脑就接收到信号，向脑垂体发出信息，通过交感神经扩张体表血管，并开放成千上万的汗腺。与此同时，呼吸加快帮助散热。反之，如果血液温度下降0.05℃，下丘脑也会察觉，并通过肾上腺和脑垂体促使血糖上升，增加热量供应。肌肉会颤栗也就是"寒战"，进一步增加产热。汗腺关闭、皮肤血流减少、浑身起鸡皮疙瘩，这些都可以减少热量的散失。

实验发现，干燥空气中，人在71℃环境可坚持1小时，82℃环境可坚持49分钟，93℃环境坚持33分钟。耐热实验要求人体不直接接触热源，空气十分干燥又通风良好，倘若湿度稍大，汗水蒸发不畅，要不了多久就会“闷热”而死。如果想体验这种烈日灼身的感觉，可以到《西游记》中的火焰山（吐鲁番盆地的北缘），山顶上是赤色的沙土，像被火烧过一样。地表温度76℃，站在阳光下两耳发烫，山脚下是雪山融泉灌溉的葡萄沟，满园晶莹剔透的丰收景象。

在食物充足、营养丰富、有良好的御寒措施的条件下，人体可耐受−60~−50℃的低温，现实中不乏−20℃赤膊站4~5小时的“奇人”，但在潮湿、饥饿、刮风或保暖条件差的情况下，0℃以上也有可能冻死。另据调查舰船失事的记录显示，人在0℃的水中能生存20分钟，5℃时能生存1小时，10℃时能生存3小时。有个小伙子在冰海中漂了5小时获救，他的体重达140千克，有一身厚厚的脂肪。

四季变迁

蜉蝣的生命只有一个昼夜，人却有数十寒暑，季节的变迁如童话一般昳丽。春天繁花盛开，大地生机勃勃；夏天草木葳蕤，森林郁郁葱葱；秋天果实成熟，田野麦浪翻滚；冬天白雪皑皑，动物们躲在巢穴中等待下一个春天。地球公转轨道与自转平面成23°26′夹角，太阳直射点在南北回归线之间移动，才有这四季更替、枯荣代谢、生生不息。

春季温润明媚，是令人欣喜振奋的季节。人体最为舒适的环境温度是15~20℃，从事脑力劳动的最佳温度是17~18℃。一年之计在于春，大地自冰雪中回暖，人的身心也如春笋般伸展。《黄帝内经》里说：“春三月，此谓发陈。天地俱生，万物以荣，夜卧早起，广步于庭，被发缓形，以使志生，生而勿杀，予而勿夺，赏而勿罚，此春气之应，养生之道也……”早起在花园中漫步，解开头发，放松身心。多多奉献，而不索取；多给人微笑，而不惩罚，这是对大自然一年之始的回应，也是养生的规律。

夏季气温较高，白昼较长，人体的消耗比较明显，多吃些容易消化的蛋白质，如豆类、蛋类、鱼类。饮食不可过于油腻，少吃甜食，多用些姜、醋、蒜等调味品帮助杀菌。如果有低热、头晕、精神不振的表现，多吃瓜果、绿豆粥、荷叶粥等解暑降温的食品，适当补充谷维素、维生素B1和维生素C。盛夏天气炎热，挑战人体的平衡功能。环境温度30℃时，汗腺即已开启；33℃时，汗水涔涔而下；35℃时，体表静脉扩张、心跳加快，血液循环加速，年老体弱者可能中暑；36℃时，大量出汗将引起水和电解质的缺乏，注意补充含盐、维生素的饮料，并采取降温措施；38℃时，呼吸急促、皮肤发红，人体的代偿接近极限；39℃时，汗腺濒临衰竭，心脏不胜重负；40℃时，高温直逼生命中枢，头昏眼花，极易晕倒。高温不仅消耗体力，也影响情绪和思维，气温35℃时，人的工作效率只有最佳温度的75%；气温41℃时，降至最佳温度的50%；气温49℃时，工作效率几乎为零。炎热的夏季，埃及人睡到下午两点才开始工作，热带国家的经济不太发达与气候有关。

秋天凉爽，是调养生息的好时节。美中不足的是气候干燥，容易使呼吸道的抵抗力下降，出现感冒、干咳等症，要多吃清热润肺的银耳、蜂蜜、梨等食物。老年人特别要注意多喝水，以防血栓性疾病。秋季落叶飘零、大雁南归的景象，不免触动愁肠，不妨多做运动、登高望远，心情自然开阔起来。

冬天白雪皑皑，寒冷的刺激使皮肤黏膜的血管收缩，减少血流量，血液中白细胞不能充分发挥免疫功能，人体就容易受到疾病的侵袭。因此要注意保暖御寒，不要吹冷风。寒冷的刺激也会使胃酸分泌增多，要预防溃疡病复发，喝些暖胃的姜汤、小米粥、红枣茶。寒冷使皮肤血管收缩，脑部的供血相对充足，人比较精神抖擞。但是寒冷也造成精神紧张，身体颤抖，环境温度低于0℃时，工作效率会明显下降。为了克服严寒的天气，适当多吃增加产热的海带、紫菜、肥肉和根茎类蔬菜，并适时进补。立冬之后是最佳进补时机。中医认为虚才要补、不虚不补，“虚”分多种类型：气虚者少气懒言，多吃健脾益气的鲫鱼、大枣、胡萝卜等；血虚者脸色苍白，多吃补血的猪肝、鸡蛋、黑木耳等；阴虚者失眠盗汗，多吃鸭肉、莲藕、百合等；阳虚者腰膝冷痛，多吃羊肉、鸡肉、大葱等。中老年人还可加入补药，如补气血的人参，壮阳的锁阳和肉苁蓉，滋阴的石斛、枸杞和麦冬。

跨越疆界

人类适应了气候的变化，开始向南向北迁移。据说人类起源于非洲，东进到达欧洲和亚洲。有些人群在亚洲东北角越过白令陆桥到达美洲，有些人群从亚洲东南漂洋过海到达澳大利亚。世界各地的人类一边适应、改造着自然，一边又为自然所改变，演化出不同的人种。人类学中有很多有趣的知识，你会发现自己身上的小小特征，原来是代代相传的古老徽记。

从肤色来看，高纬度地区的居民肤色浅，低纬度居民的肤色深，显然与紫外线的照射、黑色素的合成有关。蒙古人种（中国人多属于该人种）新生儿的骶部和臀部常出现灰蓝色的色素斑，又称为蒙古斑。蒙古人种还有着宽阔的面庞、突出的颧骨、细长的眼裂、黑发、中等大小的鼻子和嘴唇，铲形门齿的出现率较高。13 世纪时，蒙古的铁蹄曾横扫大半个欧洲，“蒙古人种”这个名称由此而来，不少欧洲人的身上也残留有蒙古人种的特征。

从发型来看，亚洲人多为直发、非洲人多为卷发、欧洲人较多波发。卷发的好处是在头顶形成多孔隙的覆盖物，犹如棉花般隔热，并抵挡强烈阳光的直射。波发细而软，光滑延展，有较好的保暖性。直发粗而硬，韧性和垂坠性好。这与黄种人起源于季风温带气候的半干旱区有关，季风使毛囊的皮肤收紧，毛囊垂直于头皮生长，毛杆的横断面为圆形或近乎圆形，受力均匀，故而是直的。

从胡须来看，澳大利亚土著居民和日本阿伊努人的胡须最浓密，而北亚的蒙古人胡须最稀疏，胡须固然受雄性激素调控，但并非雄性激素越多胡须越浓密。胡须的产生可能源于某种保护，也可能是一种触觉工具，然而现在其作用已经微乎其微了。

再看眼睛，白种人的虹膜并非真正的天蓝色，而是阳光散射的结果，真实色泽还是少量黑色素显现的浅褐色。中国人的虹膜是棕褐色，减少光线的进入，防止强光的伤害。中国人不少具有蒙古褶，就是上眼角皱褶向眼内角延伸的皮肤皱襞，可以减少风沙和雪光反射的损伤。

鼻子有着颇为显著的地域特征，欧洲人鼻梁高挺，有利于鼻腔对空气加热，这是他们所处的寒冷环境造就的。亚洲受季风影响，四季气候变化剧烈，产生了特殊的中鼻型，鼻孔宽而鼻道深藏，具有防寒又防热的形态。蒙古人种中最具代表性的北亚人种面部既高且宽，脸显得大而扁平，这与空旷平原地带的生活适应——不再需要发达的眉弓，避免密林对眼睛的伤害。

人类容貌的形成既受气候和地理环境的影响，也与饮食、习俗等有关，机理十分复杂，有些现象至今仍不能给予十分合理的解释。如

果非要说哪个人种好看，就如同说玫瑰比桃花美一样，未免失之偏颇。人无贵贱之分，也没有绝对的美丑之别，只要喜欢自己，就能发现自己身上独一无二的美丽。

冷暖人间

人类起源于非洲，天生比较喜欢温暖的感觉，我们常用“热心”“热情”“温馨”“暖和”这样的词来表示愉悦而积极的意思，“凉爽”“酷”这样的词汇则多少有点刺痛。生活中，有些人比较怕冷，有些人比较怕热，这和脂肪的厚度、血液循环的功能有一定关系，但并不完全相关。中医提到人体的寒热体质，是玄妙而难以用科学分析的，多靠自身体会判断。寒性体质的表现是：畏寒怕凉、手脚冰冷、精神虚弱、脸色苍白、反应迟钝、小便色浅、容易腹泻、女性生理周期延迟——有3条以上符合，便属于寒性体质。寒性体质者应当多吃些温热性的鸡肉、橘子、韭菜等温补。热性体质的表现是：出汗怕热、口干舌燥、面红耳赤、眼睛充血、脾气急躁、尿色发黄、容易便秘、女性生理周期提前——有3条以上符合，便属于热性体质，热性体质者可多吃些寒凉性的西瓜、柚子、小白菜等清热。中国历来讲究“阴阳平衡”“中庸之道”，对人体、疾病、食物、药物都分出温热寒凉的属性，甚是关注。

不仅体质有冷暖，我们的心绪也会有冷暖的驿动。假如周围的人笑脸相迎，关怀备至，就会觉得人间如春天一般暖意融融，无限美好；假如周围的人尔虞我诈、勾心斗角，就会觉得世间被覆寒霜，人心凝结冰雪；假如整天要处理数不清的琐碎杂务，又觉得置身火炉，说不出的烦恼溽热……恋爱过的人或许体验尤为深刻，热恋之中，万物生辉；失恋之时，心灰意冷；又或许爱恨交织、进退失据，一日之中，几番风雨。这很难说得清楚，只能叹一声“譬如饮水，冷暖自知”。

万事皆有缘起，你若知每个人都为时间和环境所左右，并非都能随乎本性，便会有一份理解和宽容。世界从未改变，永远有阳光，有阴霾，有善良，有欺骗，改变的只是我们的感觉。若能如调控体温一般调控情绪，冷落时多给自己一些鼓励和安慰，烦躁时多给自己一些悠闲和清净，如泼墨山水中挥洒自如的气韵，我们就可以拥有内在的从容，觉得每一天都是好日子。

第九章　饥饿感——唤起最原始的本能

饥饿感唤起深刻的无力感，是这个世界最恐怖的事件之一。小说《基督山伯爵》中，男主角爱德蒙处心积虑报复仇人，他让情敌费尔南多被妻儿抛弃，绝望中开枪自杀；让检察官维尔福家破人亡，在巨大的打击下发了疯。对最恨的仇人唐格拉尔，爱德蒙把他囚禁起来饿个半死，然后用以 10 万法郎的高价向他出售一块面包，直到把他的 505 万法郎全部都榨干。唐格拉尔吃完最后一粒面包屑，饿得奄奄一息，虚弱地哀求说："饶了我吧，就是一条狗也不该被活活饿死啊。"这时爱德蒙出现了，告诉他："我不是基督山伯爵，我是那个被你诬陷、出卖和污蔑的人……我本想让你死于饥饿，可是我宽恕了你，因为我也需要宽恕。"

极度的饥饿苦不堪言，普通的饥饿也不好受，减肥人士对此深有体会。有位胖太太下定决心减肥，她按照食谱的规定多吃蔬菜和水果，少吃米饭、甜食和肉类。第一天和第二天都平稳地过去了，第三天晚上，她躺在床上翻来覆去睡不着觉，终于忍不住起来吃了一块饼干，然后就一发不可收拾，继续吃了两大块巧克力、一根香肠、两只炸鸡腿和五片涂满黄油的面包。是什么驱使她做下违背自己意愿的事呢？答案有两项：饥饿感和食欲。

饥饿感是一种生理感觉，食欲则包含了心理需要——不饿的人也会想吃东西，并且想吃特定的东西。饥饿感受下丘脑"饥饿中枢"的操控，食欲则受视觉、嗅觉、味觉及情绪的影响，人在饥饿时，食欲会更加旺盛，并伴随内脏反应——胃肠强烈收缩，发出咕噜咕噜的声响，如同被虫子啃咬，慌乱不安。此时黄金珠玉、声色犬马都不足贵，人的神经牢牢锚定在对食物的需求上。

看似恼人的饥饿感，使我们得以生存在这个世界上。那些厌食症的患者任凭自己骨瘦如柴，也不愿意品尝一口美味的食物——缺乏饥饿感的人很难合理饮食，就如同丧失痛觉的人常常受伤害一样。食物滋养着我们的身体，也滋养着我们的精神，有位叫约翰的男子，因为苦修渐渐陷入木僵状态，多次试图自杀——这样才能把自己从麻木不仁中解救出来。医生对他尝试了各种治疗，收效甚微。最后，医生问他：还有什么在乎的东西。他想了半天，喃喃地说："吃……"医生带他到酒店里大吃大喝了一番，在饱尝美食之后，他的神志渐渐清醒，决心好好地活下去。

饥饿中枢

人们常说"肚子饿了"，实际并非如此，如果肚子里充满的不是食物，而是稻草，一样会饥饿难耐。感受饥饿的主要是下丘脑的“饥饿中枢”，该神经核团能感受血液中葡萄糖（血糖）的浓度，当血糖浓度降低时，饥饿中枢神经元的放电频率就会增高，并上传至大脑皮层引起饥饿感。在饥饿中枢的内侧是“饱中枢”，同样感受血糖浓度，当血糖浓度升高到一定程度，饱中枢神经元的放电频率就会增高，发出“吃饱”的信号，使得人或动物停止进食。

血糖来自食物中的糖类（主要是淀粉），用餐过程中，淀粉逐步水解，血糖渐渐升高，达到一定数值即停止进食。注意血糖升高是需要时间的，假如吃饭太快，吃了足量的食物血糖还来不及升高到引起饱感，就很容易过食而导致肥胖。观察一下你身边的胖人，是不是都有狼吞虎咽、风卷残云的习惯呢？

令人心满意足的“饱感”不失为一种美妙的体验。饱感固然受血糖的

支配，也受情绪或心理因素影响，往往进食之后食物尚未消化吸收，饱感就已经出现。如果你希望让自己感到饱，就慢慢用餐，边吃边在心里默念：“我现在很安全，不需要吃进很多食物就感到满足，我的身体很轻盈，多余的脂肪正调动出来供应能量……”这是最安全的催眠减肥术。

影响饥饿感和饱感的因素还有很多：如环境温度，寒冷环境中饥饿感增强而摄食量增多；如食物种类，高脂食物在胃中停留时间长，故加强饱感；如激素，缺乏胰岛素或5-羟色胺，过量甲状腺素或多巴胺，都会使饥饿感增强而摄食量增加——多种因素都对“吃饱”与否发表意见，调节着我们的食量。

饥　荒

对于动物来说，饥饿是司空见惯的事。狼在旷野中嚎叫，毕生所求就是把肚子填饱，羊必须学会飞快地奔跑，以免成为狼的美餐。狼在年老体衰之后，可能因为无法捕猎而饿死，也可能被饥饿的同伴撕成碎片，自然界无情的法则使弱肉强食成为丛林生活的进行曲，动物们成为食物链上或高或低的一环。

人就幸运多了，能够采集、狩猎、耕种、畜牧，彼此交换或施舍，冬天存储食物过冬。人的胃肠兼容并蓄，既能吃素，也能吃肉，食性之杂恐怕是动物中的冠军。人本应该不会挨饿，但是纵观人类的历史，饥饿如梦魇挥之不去，大饥荒的记载触目惊心。仅就近代死亡人数上百万的大饥荒而言——1845年，爱尔兰马铃薯感染真菌，以此为主食的爱尔兰人口锐减了$\frac{1}{4}$；1866年，印度饥荒，死亡人数超过100万；1870年，波斯饥荒，死亡人数超过100万；1888年，埃塞俄比亚饥荒，死亡人数超过全国人口$\frac{1}{3}$；1921年，俄国饥荒，死亡人数约500万……如今，地球上的饥馑依然未间断，近10亿人口经常挨饿，每6秒钟有一个儿童因饥饿而死亡。

具有讽刺意味的是：世界上超重人口和饥饿人口大致相当。假如把有钱人餐桌上多余的食物分给穷人，大家都可以拥有健康的身体了。我和朋友曾议论要不要把酒桌上的剩菜打包，要不要减少宴会上的菜肴。朋友说：不需要，因为你省下来的食物也不一定能到饥民的口中，倒是多消费能给农民菜贩多一点收入。听起来似乎不错，但想到世界上还有那么多人在挨饿，又怎能坐看饭菜白白地倒掉？美丽的奥黛丽·赫本年少时为了躲避德军轰炸躲在地下室，因缺乏营养导致身体始终单薄。晚年的她致力于公益事业，作为联合国儿童基金会的亲善大使奔走于非洲。她说：“要保持苗条的身材，就要把你的食物和饥饿的人分享。”她也是在说：要保持健康和快乐，就要把你的同胞从饥饿中拯救出来，世界是一个家园，多一份爱心，就多一片天堂。

美丽的代价

相当一部分人是自觉自愿地挨饿的，其中绝大多数是爱美的女性。感谢这个时代简约风格的时装，以及披散头发的风尚，使得苗条身段和纤小脸颊看起来更美。考虑到目前的人口膨胀和粮食危机，我愿意对“以瘦为美”的审美观多投一票。

然而骨瘦如柴显然是不美的。乌拉圭22岁的模特拉莫斯，每天坚持只吃沙拉和蔬菜，当场倒在T台上，猝死于心力衰竭，她的妹妹半年后步其后尘。“瘦应有度”——从健康角度说，BMI指数不能低于18.5。BMI指数=体重(kg)/身高^2(m)，是最常用的评价营养状况的标准。假如你的身高1.70米，体重62千克，BMI指数=62/1.70^2=21.5。BMI指数在18.5~23.9为营养良好，24~27.9为超重，大于等于28为肥胖。超重和肥胖的人群，才有必要进行减肥。

减肥最简单的方法就是慢慢地吃。法国人平均每天花2小时享受食物，他们并不胖，这就是美食家和饕餮之徒的差别。减肥过程中应适当减少主食，保证适量的蛋白质和脂肪，多吃蔬菜水果，特别是冬瓜、黄瓜、芹菜、韭菜、魔芋等热量低而纤维素高的食品。值得一提的是，清水煮土豆是饱腹感很强的食品，用它代替一部分主食可以减肥。土豆这东西很吸油，如果吃炒土豆丝、黄油土豆泥、炸薯条、薯片，就适得其反了。

电视和杂志上介绍的各种快速减肥方法，有些对人体有害。比如光吃瘦肉的高蛋白饮食法——瘦肉本身的热量比米饭大不了多少，消化吸收肉食的耗能远大于米饭，并且光吃瘦肉很容易吃腻。这种方法可以快速瘦身，但是会导致人体酸碱失衡，对肝肾的压力很大。再比如海水浴法——躺在海滩上晒太阳，也可以快速瘦身，但减的都是水分。减肥是一个循序渐进的过程，一场旷日持久的战争，如果想一口气减成瘦美人，难保不患心脏病、胆结石、胃溃疡……还是买一本科学减肥的书籍慢慢操练吧。

减肥药似乎是一条捷径。医院的处方减肥药主要是苯异丙胺类和甲状腺素类，前者有较强的成瘾性，后者有诱发甲亢的风险，只对严重的肥胖患者使用。药店的非处方减肥药则五花八门——有些含左旋肉碱(类维生素)，能干扰脂肪合成，长期服用会打破营养平衡；有些含西布曲明，作用于饱中枢提高饱感，停药后容易暴饮暴食；有些含吸附脂肪的物质，长期服用导致营养缺乏；有些含大黄等泻剂，导致严重腹泻而引起脱水和电解质紊乱；有些含利尿剂，使人快速脱水皮肤起皱。凡是减肥药都有一定的副作用，不要轻易尝试。况且药物作用都是暂时的，如果不改变饮食习惯还是会慢慢地胖起来。

抽脂手术倒是立竿见影，不易反弹。它用超声波将脂肪细胞击碎后吸出体外，局部脂肪细胞的数量减少了，就算体积增大也不会很明显。抽脂既然是手术，必定存在风险，手术可能伤及小血管、神经而引起血肿和麻木，若后期护理不当有可能留下车轮般的瘢痕。抽脂必须麻醉，进一步加大了风险系数，尼日利亚前第一夫人斯泰拉·奥巴桑乔就因抽脂手术而死亡，美丽的代价有时竟如此巨大。

轻食与养生

放弃了对美丽的苛求之后，人们还有一种寻找饥饿的理由——养生。道家自古有“辟谷”的说法，即在一段时间内不食五谷，只吃松子、白术、茯苓等中药，以求长生不老。辟谷的效果如何，历来众说纷纭。远者如汉代的张良，只食灵芝仙草，饿得面黄肌瘦，吕后劝他说：“人生一世间，如白驹过隙，何至自苦如此乎！”张良才不得不吃饭。近者如弘一法师，曾到大慈山辟谷，断食达 17 天，还将断食的感受详细记录于《断食日志》。日志中写道：“断食前期第一日。疾稍愈，七时半起床。是日午十一时食粥二盂，紫苏叶二片，豆腐三小方。晚五时食粥二盂，紫苏叶二片，梅一枚……断食后期第四日。七时半起床。晨饮红茶一杯，食藕粉芋。午食薄粥三盂，青菜芋大半碗，极美。有生以来不知菜芋之味如是也……”可见断食并非完全不吃不喝，而是酌情增减，适可而止。

关于节制饮食的好处，“两只老鼠”的故事或许更说明问题。科学家抓来两只成年鼠，A 鼠任凭吃喝，过着好吃懒做的日子，B 鼠只能吃七成饱，还得天天做运动。结果是 A 鼠活了 2 年，而 B 鼠活了 3 年——相当于人活到 120 岁。适当节食能延长寿命的现象已经在多种哺乳动物身上得到证明，科学家给出的解释是：减少进食能减少氧自由基的产生，避免细胞受伤害；适度饥饿还能激活免疫系统，清理衰老、病变的组织细胞，对体内做一次大扫除。

某些国家的饮食模式为我们提供了活生生的例证。日本是世界上长寿人口最多的国家，他们的套餐品种丰富，但绝不过量：两片牛肉算一个菜、三根青菜算一个菜，一勺纳豆算一个菜……小小的便当盒里五颜六色如花盛开。日本是特别重视饮食的国家，营养师的配比是全世界最高的，以致提到均衡膳食，便会拿日本作为典范。

美国是世界上肥胖人口最多的国家，汉堡、比萨、牛排、冰激凌奶昔，这些快餐文化成为心脏病、癌症、糖尿病、骨质疏松症的温床。过量的肉类和乳制品生产还使得土地不堪重负，生态环境恶化，直接威胁人类的生存。人类作为掠食者来到这个世界上，不得不以各样的生物为食，养活自己。这如原罪一般无解，除非有一天我们能像植物那样通过光合作用获取能量。我们必须吃东西，同时，应该对供养我们的大自然心存感激，不作无休止的索取和掠夺，才能够得享天年、繁衍不息。

厌食与暴食

在本能和意识的双重操控下，大多数人都会按时用餐，然而厌食症患者却对食物不感兴趣，视餐桌为畏途。厌食可能是各种因素造成的，如体内缺锌，味觉下降，须补充含锌的牡蛎、鸡蛋、鱼肉等；如胃溃疡病人饭后感到胃部疼痛不适，久而久之不愿吃饭，须彻底治疗溃疡病。假如没有生理上的疾病，又不肯吃东西，就属于神经性厌食。1983年，美国著名歌手卡朋特因厌食而死；2005年，湖南女孩曾依为了参加“超级女声”拒绝进食，导致身体各器官衰竭；2007年，体重仅31千克的法国女演员卡罗，用裸照的形式向大众展示了厌食症的吞噬力。

由于长期挨饿，厌食症患者对饥饿已经麻木了；由于经常压迫舌根把食物吐出来，形成条件反射，看见食物就觉得恶心。如果说演艺界、模特界出现这种情况还情有可原，越来越多的花季少女染上厌食症是为什么呢？调查发现，这些少女多是极端的完美主义者，有不达目标誓不罢休的精神。到了青春期，她们开始关注自己的形体，为苗条的身材不惜一切代价，终因过度减肥导致身心异常。还有一种情况是厌食者在成长过程中体验到“无能为力”的感觉，只有体重是可以控制的。“体重下降”给了她/他一种成就感，如同成瘾行为一样进入恶性循环。神经性厌食者必须接受心理治疗，对于儿童及青少年来说，加入对整个家庭的心理治疗也是十分必要的。

暴食常常是心理宣泄的一种方式，面对失恋、失业等突如其来的打击，有些人选择用大吃大喝的方式缓解压力和释放愤怒。这可能与婴儿期的行为模式有关，许多父母只要婴儿啼哭就马上喂奶，造成孩子长大后一有烦恼就想吃东西。况且，摄食本身就有快感，咀嚼的过程颇有“咬牙切齿、报仇雪恨”的味道，能暂时调整情绪。可是暴食之后胃肠积滞、身体变形，情绪反而会更加低落，真是得不偿失。

联合国世界卫生组织在健康细则中对身体的标准是："体重适当，身体匀称，站立时头、肩、臂位置协调"，强调理想体重的重要性。医学界把一个月内体重出现 ±15%的波动，作为抑郁症的指标之一。香港的减肥机构往往为减肥无效的人士请来心理咨询师，先化解心中积郁再慢慢调整膳食。我们应该耐心倾听身体的需要，维持情绪的平衡，引导它们携起手来，向着更健康的方向行进。

渴　觉

体悟了饥饿觉之后，再看与其相似的渴觉。我们的祖先曾经饱受干渴的煎熬，倘若天不降雨露、地不涌甘泉，渴觉便如鬼魅一般在人间肆虐。今天的我们享受着自来水的供应，渐渐陌生了干渴的感觉。

渴觉不是口腔的感觉，它来自下丘脑的"口渴中枢"。这里的渗透压感受器可感受细胞的缺水程度，人体失水达体重 0.5%的时候，就会有明显的渴觉，并伴有唾液分泌减少、口腔和喉部干燥。此时若用湿纱布保持口腔、喉部的湿润，干渴的感觉只能稍稍缓解，体内的细胞还是在不断发出对水的呼唤。

干渴不仅与水有关，还与人体中电解质的含量有关。俗话说："想吃盐就得顶住渴"，过量盐分的摄入使细胞外渗透压上升，下丘脑的渗透压感受器亦会发出渴觉，并分泌抗利尿激素，使尿液生成减少，缓解体内水分的流失。假如盐分摄入太多，细胞内的水分会向细胞外转移，使细胞脱水皱缩，失去活性。曾报道有个年轻人为了打赌吞下四两食盐，当场毙命。反之，假如喝的水太多，肾脏来不及排泄，可能引起脑水肿而昏迷抽搐。这种情况一般不会发生，只有在大量出汗后痛饮白开水，使细胞外渗透压不断降低，才引起危险。

干渴比饥饿来得更为迫切，人在极端情况下可以 5 周不吃饭，却不能

5天不喝水。地震后的黄金救援时间是72小时，过了这个时段，人体将因脱水而发生难以逆转的损伤。水是人体最主要的组成成分，是各种生化反应的媒介，是脏器和关节的润滑液，水可以渗透进每一个细胞和细胞器，排浊复清，吐故纳新。健康人每日的建议饮水量为1800~2000毫升（或体重×0.03），不要等到口渴再喝，而应该随时随地经常饮用。

饮水之道

水的摄入有三种途径：最常见是喝进去的水，健康人每日建议喝1800~2000毫升，最低不能少于1200毫升。这里面除了日常喝的白开水，还包括茶水、牛奶、果汁、可乐等各种饮料。其次是吃进去的食物中所含的水，米饭、肉类、鸡蛋都含有水，蔬菜、水果的含水量可达80%以上，每天我们不知不觉吃进去约1000毫升水。最后一个来源是代谢水，即营养物质在体内代谢产生的水，每天大约300毫升。

自来水是最常见的饮水，它来自地下水、泉水、溪水、江河水、湖泊水、水库水或池塘水。取水之后，经过沉淀、过滤、消毒等程序，将水的pH、矿物质含量、有毒物质含量、细菌含量都控制在一定的范围内，由高压水泵输入自来水管道，送进千家万户。自来水经有机氯消毒，饮用之前要加热煮沸去除余氯(同时可以杀菌)。如果经常喝生水，不光会肚子疼，还容易患膀胱癌。

除了自来水之外的各种饮用水各有其优缺点。纯净水能很快渗入细胞溶出毒素，但是它缺乏矿物质和抗菌能力，开瓶后24小时细菌含量便会超标。矿泉水能补充矿物质，但长期饮用可能出现矿物质过量，天然矿泉水还可能含有微量放射性元素。茶叶是很好的保健饮料，能保护心血管、预防疾病，过量饮茶却使神经系统过于亢奋，对胃肠和肾脏也有刺激。牛奶富含钙、优质蛋白，建议每天喝300毫升，喝得太多会使骨头变硬、血压偏低。可乐等碳酸饮料的问题较多：高糖、冲淡胃酸、不利消化，一般少喝为好。日常饮水应以白开水为主，适当配合其他饮料。

水的排出主要通过肾脏排泄，还通过皮肤、呼吸道和消化道排出。每天水的排出量至少2500毫升。你是否想过：假如水分排出慢一点，我们不就不渴了吗？水是活的，无时无刻不在涤荡体内的污秽，滤除血液和脏器中的有害成分。肾功能衰竭的病人失去了正常的排水功能，不出3天，血液就被有毒的物质充满，人变得浑浑噩噩、浑身难受。水是活的，只有在流动中才焕发出生命力，成为我们生命的源泉。

神之水滴

水是地球上最神奇的物质。它凝固为冰川，流动成江河，蒸发成行云，冷却化雨滴，在地球上循环往复，滋养生命。水有着独特的熔点、沸点和反膨胀特性，若非如此，冬季江海凝结，夏季热浪蒸腾。水是生命的摇篮，原始生物出现在海洋中，直接与海水进行物质交换，当海洋生物登上陆地，仍然逐水而居，沿着一条条美丽的流域展开生命的长卷。

我们的每一个细胞就像微小的海，细胞器悬浮于其中，细胞膜包围在其外，只有水滴能自由地穿梭。我们的血脉像蜿蜒的红色河流，在心脏的鼓声中激越地流淌。我们的消化液源源不断地分解食物中的营养，供应一切细胞所需。我们的骨骼如此坚硬而致密，然而若没有水，它就是一堆灰白的粉末。我们的眼睛如此清澈明净，若没有泪液的滋润，它会变成干涸的枯井。人体质量的$\frac{2}{3}$以上是水，这是何等惊人的比例——构成身体最主要的材料，竟是无色、无声、无味、无臭、无形的水。

地球上可利用的淡水不到地球总水量的1%，且分布不均，受环境污染、工农业需求增加、人口膨胀、湖泊萎缩、森林砍伐等影响越来越紧缺。位于红海之滨的也门正成为世界上第一个“无水之国”，我国北部和西部的用水频频告急，历来湿润的云南、贵州也出现了旱情，缺水问题正越来越严峻地摆在人们面前。经历过干渴的人才真正了解水的珍贵，它蕴藏着滋润万物的慈爱，将寂静的荒原洒上生命的绿意。它柔软中有着坚不可摧的力量，一滴水中包含无限宇宙的奥秘，愿我们长存敬畏的心。

第十章　本体感觉——今宵身在何处

闭上眼睛，举起右手，你知道右手所在的位置吗？右手缓缓地伸向自己的胸口，你能把握运动的方向和速度吗？低下头，安静你的心，你能凭着意念在黑暗中勾勒出自己的轮廓，并保持平衡的姿势吗？假如这一切都没有问题，你的本体感觉就是完好无缺的，你将能够控制自己的身体，无论站立、坐卧还是奔跑，都灵活自如。

这似乎是很寻常的事情，却并不容易。要知道科学家费尽心血地制造机器人，最困难的任务之一就是让机器人上楼梯。抬脚的瞬间，数以万计的

本体感受器将发出信号，报告各个关节、肌肉所在的位置，通过脊髓上传到大脑、小脑，再经过信号整合支配全身肌肉，使身体的重心能落在着地的脚掌上，紧接着平稳过渡到另一只脚掌。这一过程极为复杂，被称为仿真机器人技术的瓶颈。

未来的机器人也许能像人一样上下楼梯，甚至踢一场精彩的足球比赛，它的运动也还是受人操控的，并非随心所欲。人可以根据自己的意愿进行运动。无法确知这个意愿是如何开始的，就像无法想象行星运动之初天旋地转的刹那，然而这个意愿产生了——皮层联络区的神经元发生了兴奋，接下来，兴奋经过不同脑区的整合，沿脊髓传至特定的肌肉。肌肉运动带动了骨和关节，于是我们可以伸手去拿一只杯子。

运动或静止之中，本体感觉随时汇报身体空间位置的信息，让中枢神经指挥若定地发出调节信号。它传递关节位置觉、运动方向觉、振动觉，还传递精细触觉（辨别两点距离和物体的纹理粗细）。它的感受器附着于肌肉、关节等处，位置较深，又称深部感觉。由于视觉、听觉等信息的包围，本体感觉往往被人们忽略，它也被称为暗淡的感觉。然而，若本体感觉及其传导通路出现问题（如醉酒），人就会走路不稳，东倒西歪。有些自闭症儿童的本体感觉无法正常获取，他们会不断扑向目标，摔到地上，以此满足身体对本体感觉的需要。我们有理由关注这种不为人知的感觉，洞悉自身的位置，体验运动的奇妙。

奇妙的运动

人体从一个受精卵分化出 60 万亿个细胞，犹如混沌初开分裂出茫茫的宇宙。每一个器官，都有着独特而不可替代的功能；每一个细胞，在显微镜下呈现出精巧绝伦的结构。占人体体重最大的部分是运动系统——639 块大大小小的肌肉附着在 206 块骨骼上，肌肉的一端依附于一块骨，另一端绕过关节依附于另一块骨，肌肉的收缩带动骨骼引发运动。

运动实际上是肌肉收缩，肌肉收缩则由粗细肌丝的滑动——细肌丝向粗肌丝中插入而造成。肌丝不会无缘无故地滑动，它必须接收到神经元传来的冲动才会发生兴奋，再触发兴奋收缩耦联。神经元的冲动有两种起源：一为外界刺激诱发，另一为自发。

根据运动的产生原因，可将其分为三类：第一类是反射运动，直接由外界刺激通过神经反射完成，比如眼睛进了沙子就会眨眼，手被钉子扎到就会回缩。这是人或动物的本能，不需要学习，也难以克制。第二类是节律运动，比如呼吸，我们可以叫它停止或开始，但更多时候根本不用管它。又如走路，刚开始要有“走”的意识支配，走着、走着就闲庭信步，不需要去考虑迈左脚或右脚。节律运动的形成与脑中的神经回路有关，其启动需要外来刺激或意识支配，一旦进行则会以一定节律周而复始地继续下去。第三类是随意运动，按自己的意愿进行，搬桌子、握手、打乒乓球、写字都属于随意运动。这是高级而复杂的运动。它的指令来自大脑皮层，完成过程中需要身体各部位的密切配合。

上述三类运动都需要本体感觉的参与，运动越复杂，本体感觉扮演的角色越重要。本体感觉的作用可以通过病例来反映。克里斯奇娜是两个孩子的母亲，她做了一个奇怪的梦，梦见自己的手和脚不听使唤，无论拿到什么东西都会立刻掉下来。她忐忑不安地把这个梦告诉医生，医生说：“你是因为太紧张了，导致了神经官能症。”令人惊奇的是，几天后梦变成了现实，她感到精神恍惚，拿不住东西，甚至站也站不稳了。病情不断加重，她若看不见自己的脚就无法站立，手伸出去的时候总是偏离目标的方向，脸上毫无表情，嘴无力地张着，声音也改变了。她漠然地问：“我的身体到哪里去了？”医生抽取她的脑脊液检查，发现她患了多发性神经炎。原来克里斯奇娜曾注射大剂量的维生素，导致代谢失常，诱发了多发性神经炎。肌肉中的本体感受器无法将信号传入脑，于是就有“身体消失了”的感觉。

本体感受器

本体感受来自肌肉中的本体感受器，本体感受器包括肌梭与腱器官。肌梭位于肌肉内，由2~12根细长的梭内肌组成，中间缠绕着感觉神经纤维，外包以结缔组织。人处于某种姿势时，必定有一些肌肉因为重力的作用被拉长，肌梭也随之被拉长，缠绕在肌梭中间的对牵拉敏感的神经纤维将产生神经冲动，并传入脊髓，通过脊髓的运动神经元使肌肉收缩。于是，重力和肌肉张力之间达到平衡，人的姿势得以维持。

肌梭引起的这一连串过程称为牵张反射，是人体随时进行着的一项运动。人在站立或端坐时，背部竖脊肌必须发生牵张反射，不然就会东倒西歪，无法挺直腰杆。人的四肢也时刻对抗着重力，伸肌时常产生牵张反射，使手脚能够伸直。假如外力引起了肌梭的牵拉，同样会诱发牵张反射，神经科的大夫随身带着橡皮锤，在病人身上敲敲打打，由此判断肌梭—脊髓—肌肉这条通路是否完好。

肌肉和肌腱的接头处，分布着另一种感受器——高尔基腱器官。它平时默默无闻，只有肌肉过度收缩时，腱器官才能感觉到张力的变化并发生兴奋，通过传入神经激活脊髓的抑制性中间神经元，抑制肌肉的收缩。这一过程称为腱反射（反牵张反射），其意义在于调节肌张力，当牵张反射所致的肌张力过强时，腱反射使肌张力减弱，保护肌肉免受伤害。

肌梭和腱器官共同维持着肌肉的正常状态，使肌肉既不至于僵直，也不至于瘫软。破伤风病人的身体是僵直的，因为脊髓中的抑制性神经元被破坏，肌张力相对增强。竖脊肌的剧烈收缩使病人平卧时腰部无法着床，呈现出功夫片中“铁板桥”的姿势。瘫痪病人则分为硬瘫和软瘫，硬瘫是上运动神经元受损，大脑对脊髓失去控制，肌张力亢进，肢体僵硬；软瘫是下运动神经元受损，肌肉失去神经元支配，变得松弛并逐渐萎缩。

还有一种特殊情况令肌梭和腱器官无法正常工作——失重。当我们坐电梯下楼、从高处往下跳或者乘宇宙飞船遨游太空时,就处于失重状态。失重时不能靠重力牵拉肌肉,牵张反射无法引出,人会四肢无力、晕头转向。幸亏高位中枢会及时参与进来,大脑将根据视觉、前庭传来的信息对脊髓的γ神经元发出指令,γ神经元支配肌梭两端收缩,肌梭被拉长,由此进入牵张反射的后半段,同样使肌肉收缩,维持姿势。

前庭器官

肌梭和腱器官感受肌肉的张力和长度,头部位置靠什么感觉呢?必须用到前庭器官。前庭器官感受的是平衡觉,平衡觉可归入本体感觉的范畴,对人体运动的调控同样十分重要。

从解剖上看,前庭器官与耳蜗的位置毗邻,都处于内耳。它包括3个半规管、椭圆囊和球囊。3个半规管分别向外、向上、向后伸展,互成直角,感受头部在不同方向上的旋转。头部旋转时,半规管内的淋巴液因惰性出现与旋转方向相反的位移。淋巴液位移,推动半规管的壶腹嵴,使壶腹嵴上的终帽发生弯曲。终帽下方的毛细胞受到剪切力,顶部的机械门控性离子通道便会开放,于是毛细胞兴奋,冲动通过终帽基部的前庭神经传入前庭神经核。这种换能和听觉换能十分相似,都属于"机械-电"换能。

椭圆囊和球囊提供与地心引力有关的头部倾斜度的信息。这里也分布着毛细胞,其上方插入由碳酸钙结晶构成的耳石。当头部位置改变时,耳石与毛细胞的位置发生相应改变,耳石向不同方向牵拉毛细胞。毛细胞发生兴奋,并通过前庭神经传入前庭神经核,反射性地引起身体不同部位的肌张力变化。连续旋转运动时,眼球会出现"眼震颤",向运动方向转动后立刻返回原位,不住重复这种过程。眼震颤是前庭器官受刺激时反射性地改变眼外直肌的活动造成的,是判断前庭功能是否正常的常用指标。

如果前庭功能不健全,走路会向一侧偏斜,还会有眩晕、耳鸣、呕吐等反应,此即“梅尼埃病”。该病的发生与变态反应、内分泌紊乱、病毒感染、情绪波动等因素有关,其中首推情绪因素。治疗时应在药物、手术治疗的基础上,结合心理治疗。急刹车、剧烈旋转或摇晃时,前庭受到过度刺激,健康人也会感到眩晕,这是正常的生理现象。但有些人这种耐受力差,对轻微的平衡刺激即产生强烈的反应。睡眠差、过度劳累、过饥过饱、患有某些耳部疾病、车厢内空气不流通等情况,都可能加重眩晕。严重时产生条件反射,看到或想到车都会晕。晕车是可以通过经常坐车来缓解的,正如培养飞行员或舞蹈演员时,让他们反复转圈直到内耳感受器对旋转发生了适应。还有一个简单的方法就是戴上耳机听音乐,这样能干扰内耳对平衡刺激的反应。

千姿百态——脊髓与脑干的呼应

设想你正欣赏着热情奔放的弗拉门戈舞,舞者矫健的身姿如惊涛骇浪起伏,脚尖踏出急促的鼓点,鲜红的指甲在空中划出闪电般弧线。你会羡慕她的身上布满灵敏的本体感受器,惊叹她的前庭器官竟然没有发出眩晕的呻吟吗?恐怕你来不及想到这些,只会赞叹她的骨骼——如同蛇一样灵巧柔韧,既可以弯曲成折叠椅,又可以挺拔如白杨树。假如你的眼睛可以透视的话,将发现隐藏在腰背中、带动整个身体飞舞的,正是像蛇一般细长弯曲的脊椎。这是人体的中轴,这奇异殿堂的主心骨,是划分动物种类的一把利剑。

脊椎最神奇之处不在于一柱擎天的坚强与力量,而在于中央包含着一条灰白色的脊髓。脊髓柔软脆弱,稍加外力便可摧残,所以需要脊椎的保护。脊髓是密集成束的神经元胞体和神经纤维,最长的神经纤维从腰椎出发,一直延伸到脚趾尖。这条脊髓,如同许多条铁轨并行的大干线,调度着感觉信息的上传和运动信息的下达。有些中转站可以直接完成上传下达的转换，比如前面提到的牵张反射和腱反射在脊髓水平就可以完成。

简单的反射固然可以在脊髓完成，平时还需要脑的“垂帘听政”。一旦脊髓与脑离断，脊髓会暂时丧失能力，进入无反应的状态，此即“脊休克”。车祸时，紧急刹车的惯性作用可使脊髓横断，伤者肌肉瘫软、血压下降、粪尿潴留、不能出汗。但脊髓没有死亡，只是和脑失去了联系，一时之间不知所措。过了一段时间，脊髓功能可以逐渐恢复，能维持血压、肌紧张、脊髓反射，有一定的排尿与排便能力，然而断面以下的感觉和随意运动却不能恢复。目前认为比较可行的治疗方法是神经干细胞移植，尚在艰难探索之中。

顺着脊髓向上溯源，将进入颅腔中的脑干。脑干在大脑的下方，由中脑、脑桥、延髓构成，如一脉相承的陆桥。脑干协助脊髓完成比较复杂的反射，这些反射都是由运动而引起新的运动，使身体协调一致，故统称姿势反射。例如：把猫的头部右转，它的右肢伸直而左肢弯曲；把猫的头向下按，它出现钻洞的姿势；把猫的头向后仰，它出现跳跃的姿势。对于动物，把它的头保持在什么位置，身体就维持相应的姿势以达到平衡。这是由于颈部关节和肌腱的本体感受器受刺激，对四肢肌肉的紧张性进行的反射性调节。人受思维的控制，姿势反射虽然存在，但有时不表现出来。

如果将猫四足朝天抛下，可观察到猫在下坠过程中，先扭转头部，继而前肢和躯干随之扭转，最后后肢扭转。坠到地面时四足着地，毫发无损。该姿势反射包括许多步骤：由于头部位置不正，视觉和前庭器官受到刺激而兴奋，反射性地引起头部位置率先复正；由于头部复正引起颈肌扭曲，从而使颈肌内的肌梭和腱器官发生兴奋，导致躯干翻转，动物恢复站立。体育运动中，许多动作就是在此基础上完成的，如跳水的转体动作要先转头，再转上半身，然后转下半身。篮球转身过人的动作，也要先转头以带动身体，这比整个身体一起转动更迅速且协调。

绣花针上——小脑和大脑的灵通

无论脑干完成的姿势反射多么精彩，毕竟属于反射运动，不能够自由发挥。要想身随意动、剑随心走，必须用到小脑和大脑。从运动功能来说，小脑比大脑更加专业——它基本上就是主宰运动的脑区，我们若说某人“小脑发达”，便是指他具有人猿泰山一般的矫健身手。

小脑分为三部分:前庭小脑接受前庭器官传来的信息,维持身体平衡,损伤时表现为平衡失调。脊髓小脑接受来自脊髓的信息,调节肌张力,受损后表现肌张力降低和共济失调性震颤,患者在完成动作时抖动而把握不住方向。皮质小脑接受来自大脑皮层的信息,拟定运动程序,协调随意运动。各种精巧运动是在学习过程中逐步熟练起来的——开始学习阶段,精巧运动是不协调的,学习过程中,小脑不断接受本体感觉传入的信息并纠正运动中发生的偏差,使运动逐步协调起来。运动逐渐熟练后,皮质小脑中就贮存了一整套程序,大脑再要发动该精巧运动时,首先从皮质小脑中提取贮存的程序,并将程序回输到皮层运动区,然后下达运动指令。这时候的运动就非常协调,快得几乎不需要思考。体操、跳水、打字、绣花、演奏乐器等训练,都是这样一个过程。

运动的最高司令部是深不可测的大脑。在大脑的52个脑区中,第4和第6区主管运动,合称为“皮层运动区”。皮层运动区由无数个垂直于皮层表面的“功能柱”构成,每个功能柱的神经元群控制同一关节几块肌肉的活动,同一块肌肉也可接受来自不同功能柱的控制。功能柱可通过脑干—脊髓通路直接调节肌肉运动,也可先到达丘脑、小脑,再发出纤维经过脑干—脊髓通路调节肌肉运动。某一个功能柱兴奋,会引起身体某处的运动,动物实验中甚至精确到老鼠的一根胡须的微动。这类实验曾经用人来做,有位美国妇女因严重烧伤而不长头发,常年佩戴假发,假发上的一根鲸须不断摩擦颅骨,竟至颅骨穿孔,能从孔中看见硬脑膜搏动。某医生说服她接受了实验,电极刺激皮层运动区时,病人对侧的手出现了动作,电流加强时,病人对侧身体抽筋。3天后病人死去了,成为无良人体实验的牺牲品。后来,一些外科医生在为癫痫病人手术时顺带刺激皮层运动区,通过100多例病人的拼图,绘制出皮层运动区与人体运动系统的投射关系。这种投射关系在躯干部为对侧支配,头面部为双侧支配。投射范围与运动的灵敏性成正比,支配手部的运动区比支配整条腿的运动区还大。皮层运动区具有可塑性,经常弹钢琴会使支配手部的运动区扩大,经常踢足球会使支配腿部的运动区扩大。如果手指或脚趾断了，支配它的皮层运动区就会坏死，出现柱状空洞。

动静之间

运动和静止都是相对的。运动时，某些肌肉必须放松，否则就会相互对抗。静止时，某些肌肉必须绷紧，不然就会全身瘫软。脊髓中有很多交互抑制的神经元，就发挥这种协调作用。生活中，有些人静若处子、动若脱兔，说明从神经系统到骨骼肌肉都非常健全，是最理想的状态。有些人患有多动症，可能是大脑内神经递质失调造成，也可能由紧张、压抑等心理因素引起。更多人好静不好动，整天"宅"在屋子里，对于身心健康可没有好处。适当运动不仅使骨骼、肌肉得到锻炼，还能增强心肺功能、提高免疫力、改善情绪。如果喜欢健康、快乐、美丽的自己，请别忘记经常做运动。

我们通常所说的运动，绝大多数是指随意运动。千万不要把"随意"当成"随便"的意思，设计和执行随意运动的过程真是复杂精密呢。大脑皮质联络区形成并发布运动命令，即编码该运动所需要的神经冲动。然后皮质联络区与皮质小脑和基底神经节交换信息，皮质小脑制定运动程序，基底神经节控制运动的速度，两者将指令回馈给大脑皮质运动区。皮层运动区监督、评价和调整运动的进行，它不断地从肌肉、关节的本体感受器中获得大量的运动效果的反馈信息，及时修改调整运动的指令。假如上述途径被破坏，人体就无法控制运动的进行，而产生不随意运动，如肌束颤动、痉挛、抽搐、震颤、舞蹈样动作和肢体扭曲。

引起运动障碍的疾病有很多，除了前文描述的从大脑皮质、小脑、脑干、脊髓到肌肉的路径上的伤害之外，基底神经节也是不容忽视的一个环节。基底神经节是大脑皮质下的神经核团，犹如包埋在大脑神经纤维丛中的密室，掌管着脑的运动功能。帕金森病与基底神经节有关，它的病因主要是中脑黑质的多巴胺能神经元的功能减退，无法抑制基底神经节的纹状体中胆碱能神经元的兴奋。患者肌紧张增强、肌肉僵硬、随意运动减少、动作迟缓、表情呆板、伴有静止性震颤，并试图依靠外部的视觉、听觉或其他线索改善运动效率。帕金森病是老年人中发病率居第四位的神经变性疾病，65岁以上人群中，1%患有此病，邓小平、陈景润、拳王阿里都未能幸免。它的病因尚不清楚，可能与遗传和环境因素有关，营养失衡、嗜酒、外伤、过度劳累及某些精神创伤，均可能是致病的危险因素。与帕金森病机制相反的亨廷顿病（舞蹈病），源于纹状体中的胆碱能神经元的功能减退，导致肌张力下降，继而出现不由自主的舞蹈样动作。患者表情怪异、动作夸张、情绪不稳定，常遭受周围人群的歧视。

本体感觉的训练

本体感觉是运动系统最亲密的合作者，也是最邻近的火药桶——本体感觉的障碍必然殃及运动功能。脑卒中（中风）常伴有本体感觉障碍。传导本体感觉的神经纤维传入脊髓上行至延髓，再经内囊到大脑感觉皮层。若内囊受损，对侧本体感觉无法上传，出现对侧偏身感觉障碍，引起或加重偏瘫。颈椎病是伏案工作的白领们常遭遇的病痛，发病时常伴有眩晕，起因之一是颈部肌肉及小关节损伤，使来自颈部的本体感觉信息的传入紊乱，干扰来自前庭和视觉的传入信号，中枢神经难以对自己的头部位置做出正确评估，产生主观眩晕的感觉。除了上述两种常见病，恶性贫血、多发性硬化症、糖尿病外周神经病变、脊髓痨、维生素E缺乏等都可能出现本体感觉的减退。

过去，临床医生往往将注意力集中到那些显而易见的运动问题上，如肢体痉挛、关节活动受限等，对同样重要的本体感觉障碍常常忽略。实际上，本体感觉的恢复是可行且有效的。以脑卒中为例，国外报道脑卒中后本体感觉障碍发生率为48%，其中69%经正规训练可于8~16周后基本恢复正常。本体感觉训练在于提高患者的关节位置觉和感知运动觉。例如，让下肢从屈膝35°位置开始，以每秒10°的速度被动屈曲，要求受试者集中注意力，对下肢的位置和运动速度反复进行感受。再如，用特定的装置慢慢移动下肢，肢体所能探查到的最小被动运动速度，即描述了中枢感知运动觉的能力。目前还出现了较多先进的仪器对本体感觉进行综合测试，如压力平台测试仪对膝关节损伤病人单腿站立时重心偏移进行评价；稳定测试仪对功能性踝关节不稳运动员的本体感觉进行测试；动力印迹法对力学性踝关节不稳病人的本体感觉进行评价，为决定是否需要外科手术提供依据。

本体感觉不是先天就有的，而是后天慢慢建立起来的，儿童期要注意本体感觉的训练。本体感觉发展不足的儿童很晚才学会走路，经常跌倒，身体不协调，动作不灵活，不会穿衣服或扣纽扣，容易掉东西，上下楼梯时总是害怕摔倒，需要低头看台阶或紧抓扶手。他们对舌头、声带等器官的控制也不够灵敏，容易出现口吃、发音不准等语言障碍。上学后还有写作业慢、抄错题等问题。怎样改善儿童的本体感觉呢？在其出生后4 ~ 5个月，可以偶尔将孩子抱直，使其颈部承载头部重量，加强颈、胸部的肌肉收缩，有助于本体感觉的输入。孩子大一点之后，要经常做运动，拍球、跳绳、滑滑梯、踢毽子、游泳等都可以促进本体感觉的发育。家长还要注重培养孩子的自理能力，让孩子学会自己吃饭、洗脸、穿鞋、整理物品，越是手笨、动作慢的孩子，越要及早训练、反复尝试、不断调整，使动作越来越协调。

随着年龄增长，本体感觉经历高峰又走向低谷。老年人要防止本体感觉的退化，同样靠多做运动来延缓退化的过程。值得一提的是，太极拳是很适合老年人的运动，金鸡独立、分腿、蹬腿、摆腿是对平衡能力的专门练习。太极拳轻灵和缓，运动过程中单腿与双腿支撑缓慢地转换，使腿部肌肉处于放松与紧张交替的状态，有利于增强腿部平衡能力、保持关节灵活性和韧带柔韧性。太极拳的连贯对称有利于调节左右大脑半球的协调与平

衡，对本体感觉和前庭功能也是良好的促进。

假如此刻，我们拥有完善的本体感觉……让我们闭上眼睛，再感受一次本体感觉那隐约又确凿的存在。黑暗重重如幕，看不见手、脚、头和躯干，却能感知它们是一体的，完整无缺，随心而动。除了没有翅膀，我们具备天使的形象——还有什么比这更幸运的感觉呢？

第十一章 内脏感觉——不为人知的护身天使

人的血肉之躯包裹着五脏六腑，平时，谁也不去关心它们——除了心脏扑扑跳动引起几分好奇之外。可是当你到医院转上一圈，会发现心内科、肾内科、肝胆内科、呼吸内科、神经内科……大多数疾病是内脏出了问题。如果你硬起心肠，再读读报纸上的讣告，会发现死因不外乎心脏病、脑卒中、肿瘤、呼吸道感染、肝硬化、胃出血……几乎都是内脏疾病。莫非内脏们不知道安分守己，非要弄出些乱子，让昨天看起来还活蹦乱跳的人，今天就躺在病床上奄奄一息吗？这可不是内脏的错，而是我们极少关照它们，了解它们的感觉。

先来看看什么是内脏吧。中医的五脏是心、肝、脾、肺、肾；六腑是胆、胃、大肠、小肠、三焦、膀胱。这些名词大多能和现代解剖学对应起来，比如心就是心脏、肝就是肝脏、肺就是肺脏，但也有例外。中医所说的脾，不是指解剖意义上的脾脏，而是泛指消化系统；中医所说的肾，不是指单独的肾脏，而是泛指泌尿生殖系统。中医所说的三焦，西医里根本找不到，这不能说中医不科学，而是整体观和系统论的区别罢了。西医从来不说人有多少内脏，因为内脏的结构实在太连贯了，很难严格地划分。西医把位置相近、功能相关的内脏归为系统，即循环、呼吸、消化、代谢、神经、感觉、血液、排泄、内分泌、运动、生殖、免疫这十二大系统，每一个系统包含若干器官，在身体内部的器官也称为内脏。

常人眼里，内脏是一团血肉模糊的组织，既不能运动，也没有感觉。实际上，内脏是会运动的，不过运动的方式和骨骼肌不太一样。内脏也是有感觉的，只是内脏感觉不一定传递到大脑皮质，我们在主观上没有觉察。已知的内脏感觉有20余种，在心血管、呼吸、消化和泌尿等系统发挥重要功能。内脏感受器包括机械感受器和化学感受器，其传入纤维混合在内脏大神经、迷走神经和盆神经干内进入脊髓。多数只在脊髓、延髓水平构成内脏反射，少数传至大脑皮质感受区引起主观感觉。内脏感觉的投射区都很狭小，定位也不够精确，因此人们对内脏感觉的感受往往是模糊和弥散的。

扁鹊曾说："疾在腠理，汤熨之所及也；在肌肤，针石之所及也；在肠胃，火齐之所及也；在骨髓，司命之所属，无奈何也。"疾病越内越朦胧，越深越凶险，我们不妨调转方向，将关注于外在世界的感觉，投注到内在世界中来，认识自己的脏器，倾听它们的语言。

心与血的潮汐

很久之前，人们认为心是灵魂的居所，血是生命的潮汐，没有比它们更宝贵的东西，对心与血的探究交织出人类寻求真理的史诗。古希腊大医学家盖伦在解剖尸体时发现，血液几乎全部在静脉，而动脉是空的（实际上是因为人临死的时候交感神经兴奋，动脉血管收缩），就以为动脉运输空气，静脉运输血液，这个错误的理论统治医学界一千多年。16世纪，塞尔维特提出肺循环学说，认为静脉血通过肺循环，变成了新鲜的动脉血。塞尔维特为之付出了生命的代价——被烧死在火刑柱上。17世纪，英国医生哈维提出了完整的血液循环学说。指出血液从静脉回心，通过肺循环变成动脉血，再由动脉流到全身，完成体循环。这已经非常接近真理，只是他当时没有显微镜，看不到动静脉之间的联系，直到列文虎克发明显微镜之后，人们观察到毛细血管，才清楚了血液循环的全过程。

如今我们知道，心脏是一个泵，不停地推动血液在全身循环。血液运输着氧气和营养，是每一个细胞的生命线。一旦运输中止，细胞会纷纷坏死，首当其冲的是娇贵的脑细胞，缺氧5分钟就会死亡。心脏和血管构成了我们的循环系统，循环系统所以能正常工作，离不开血管壁外膜下的压力感受器。血压升高时，压力感受器发出的冲动就会增加，传入延髓的心血管中枢，通过神经调节减慢心率、舒张血管、降低血压。若非如此，血压会升得太高，以致有决堤（如脑溢血）的危险。血压下降时，压力感受器发出的冲动就会减少，反向使血压升高。不然，低血压会使人头昏眼花。老年人神经反射迟钝，假如起床太快，血压调节来不及完成，可能会因体位性低血压而眼前发黑，跌倒在地。所以，老年人要遵循“3个半分钟”的原则，即睁眼躺半分钟再坐起，坐半分钟后两腿垂在床沿，过半分钟再站起来。

压力感受器的位置在人的颈动脉窦和主动脉弓。主动脉弓在胸腔内，位置很深，颈动脉窦在颈部，如果穿领口很紧的衣服有可能刺激它。某教堂曾发生一桩怪事，牧师走下台阶的时候经常会晕厥，经医生调查才知道：牧师的硬领太紧，每下一级台阶就压迫一下颈动脉窦，从而出现了前面所讲的“降压效应”。

循环系统还有容量感受器、化学感受器，都参与血压调节。日常生活中，血压如潮汐涨落，始终保持平稳，不会太高或太低。只有病理状态下，血压才可能低过警戒线——出血、虚弱、过敏、心力衰竭均可造成低血压性休克。更常见的是高血压，在白领人群中甚为流行。它与高盐饮食、紧张焦虑、静态生活方式等相关。高血压发作时出现头晕、头痛，有时伴有恶心、呕吐。如果高血压累及心脏，还伴有胸闷、心悸。高血压本身并不可怕，可怕的是它引发脑溢血、心室扩张、肾衰等严重后果，一经确诊必须合理用药控制血压。

肺与气的运行

婴儿落地之时就吸一口气，呱呱而啼，这口气吸进呼出，直到生命的最后一息。古人对此事颇为费解，于是提出“元气”这一模糊又神秘的概念——气聚而成形，化生万物，气散则复归于太虚。人究竟为什么要呼吸呢？18世纪，法国的拉瓦锡发现了氧化燃烧理论，给出了科学的解答。原来，食物中的蛋白质、脂类和糖类需要经过氧化，才能释放能量，呼吸正是提供氧气的过程。

普通人眼里，呼吸就是一呼一吸那么简单，其实呼吸的全过程包括三个环节。首先是外呼吸，即外界空气和肺泡进行气体交换，然后氧气通过肺泡壁进入肺毛细血管。第二个环节是气体在血液中的运输，通过血液循环运输到全身各组织细胞。第三个环节是内呼吸，即血液和组织细胞之间进行气体交换以及细胞内氧化代谢。这三个环节中任何一个中断了，人都会死于窒息。

呼吸能够顺畅地进行，同样离不开内脏感觉。气管和支气管的黏膜下分布张力感受器，对扩张刺激敏感。过度吸气时，感受器兴奋并发放冲动传入延髓呼吸中枢，切断吸气，引起呼气。支气管和肺泡的黏膜下分布着另一种张力感受器，对收缩刺激敏感。过度呼气时，感受器兴奋并发放冲动传入延髓呼吸中枢，切断呼气，引起吸气。这两种神经反射都属于负反馈调节，防止过度呼吸。

呼吸系统还有一些化学感受器，感受血液和脑脊液中氢离子浓度、氧分压和二氧化碳分压。当你登上海拔四五千米的高山，可能感到喉头附近隐隐作痛，这是颈动脉体化学感受器发出的信号。稀薄的氧气使血液中的氧分压下降，刺激化学感受器，发出兴奋到达延髓呼吸中枢，使呼吸增强。

假如你患了感冒，鼻子不通，呼吸运动也会加强——表现为呼吸更加用力。鼻塞造成轻度缺氧，且无法顺利排出二氧化碳，多余的二氧化碳溶于水造成氢离子浓度升高，这些因素都会刺激化学感受器，使呼吸加剧。反之，情绪激动呼吸急促时，体内氧过量，二氧化碳和氢离子减少，会抑制呼吸。有些小孩哭闹不休，忽然晕厥过去，就是这个原因。可以找张报纸卷成喇叭状的纸筒，罩在他鼻子上，让他多吸入一些二氧化碳，症状缓解后迅速拿开纸筒。

呼吸系统直接和外界相通，易受细菌、病毒侵害。鼻腔至支气管的黏膜中还存在起防御作用的感受器，一旦遭到外敌来犯就引起咳嗽和喷嚏。如果你受了凉，觉得快感冒了，试试用细葱丝探入鼻孔打几个喷嚏，这是中医治疗感冒的秘方。

肝与谷的化生

肝脏如同一座大型化工厂，生产各种酶、抗体、凝血因子、视紫红质等物质，在各大系统发挥作用。肝脏把食物中的蛋白质转化成人体蛋白、对食物中的有毒成分进行解毒、调节血糖、合成胆汁、储备维生素……这些都与饮食有关，肝脏于是归入消化系统。

消化顾名思义，就是把食物从大化小的过程。小分子的营养物质将被人体吸收，进入血液和淋巴液，再经过肝脏的转化成为人体的一部分。我们吃五谷杂粮、鸡鸭鱼肉、水果蔬菜，它们转化成我们的身体，这在西医称为“生化”，中医称为“化生”。

“化生”的过程离不开内脏感觉，肝脏的负担很大的时候，它会表现出钝痛、胀痛、隐痛等种种不适。问题是，肝脏的痛觉太迟钝了，在疾病尚未

成气候之时，往往没有引起足够的重视，一旦疼痛剧烈，已经有 85%以上的肝细胞产生了病变。肝癌被称为“癌中之王”，也是因为早期没什么特别的感觉，一旦发现多是晚期。若是经常体检，及早发现肝脏病变，即便手术切除 80%的肝脏，它还可以行使正常功能，并逐渐恢复至原来的大小。这种强大的再生功能是其他任何器官都望尘莫及的。

肝脏的下方是胆囊，人们常常用胆大胆小来形容一个人是否勇敢，用“吓破胆”来嘲笑懦夫。其实胆囊和性格没有什么关系，倒是食肉动物摄入的脂肪较高，胆囊比食草动物大。胆囊的作用是存储肝脏分泌的胆汁，必要时释放入肠道参与脂肪的吸收。正常人每天分泌 1 升胆汁，而胆囊容积是 40~70 毫升，胆囊在贮藏胆汁时必须进行浓缩，如果过度浓缩就形成结石。很多人患胆结石是由于不吃早饭，胆汁长时间淤积在胆囊内，变成了结石。

肝脏和胆囊之下，是九曲十八弯的胃肠道。别小看这些黏糊糊、皱巴巴的管道，它们的感觉十分敏锐呢！胃肠道和神经系统同起源于外胚层，含有非常丰富的神经组织，被称为“肠脑”。虽然“肠脑”不像大脑那样能想会算，却能完成各种神经反射。它受到食物的刺激，就反射性地使胃酸分泌增多；它感觉到食物比较油腻，就使胆囊括约肌开放；它对切割、电刺激不敏感，对牵拉、化学、温度刺激非常敏感，手术中切掉病人的大部分胃，病人毫无知觉，但如果医生不小心用力牵动了胃，可能反射性地引起心跳停止。

肾与水的洗礼

医学院的老师用“腰缠百万”来形容健康人有左右两肾，各约 100 万个肾单位。假如你的肾脏健康，真是抵得上百万家产了——要知道移植一个肾的费用约为 20 万，还不包括移植后的长期用药，假如找不到合适的肾源，三天一透析的治疗足以令普通家庭破产。从各种意义上看，健康就是最大的财富。

肾脏是人体的排泄器官，它的工作说也简单——肾小球对血液进行过滤，肾小管对尿液进行浓缩。每天过滤出来的“原尿”产量可达180升，而浓缩成“终尿”只有1.5升。假如“过滤”环节出现问题，病人就出现蛋白尿、血尿、糖尿，有毒物质在体内储积；假如“浓缩”环节出现问题，病人就出现尿崩症，不停地喝水、排尿。

尿液带走血中的污浊。尿液中95%是水分，5%是钠、钾、氯、钙、硫酸盐、磷酸盐、铵盐、尿素、尿激酶、促红细胞生长素、促性腺激素等过剩或有毒的物质。它的浅黄色来自血中的胆色素，它的刺鼻气味来自蛋白质的代谢废物——铵盐和尿素。假如尿液的颜色、气味、成分出现异常，尿量超过2.5升或少于0.5升，就为健康拉响了警报。

肾脏通过内脏感觉调节尿量和尿液成分。例如，肾脏的远曲小管上存在感受尿液内Na^+浓度的化学感受器——致密斑。当肾血流量增加时，流经远曲小管的Na^+浓度也升高。致密斑发出信号促使肾素分泌增加，肾素

使肾小球的入球小动脉收缩，使肾血流量恢复至原来的水平。这种调节对人体的水盐平衡非常重要。

肾脏不仅受自身感受器的调节，也间接受身体其他部位感受器的影响。例如，血管中的容量感受器、压力感受器，下丘脑的渗透压感受器，都会通过神经调节或激素释放影响肾小管对水的通透性，从而调节尿量。

中医把肾称为"先天之本"，养肾是健康长寿的关键。如果肾功能不好，"水漫金山"、毒素泛滥，各大系统将同遭其害。养肾的方式包括适当锻炼、节制性生活、预防泌尿系统感染、戒除烟酒，多吃些核桃、枸杞、黑芝麻、黑木耳等益肾食品。在中国，每年有不少人因为吃鱼胆导致肾功能衰竭，在此提醒大家切切不可食用鱼胆。

脾与神秘守护

脾在现代医学中归入免疫系统，与骨髓、胸腺、淋巴组织一起维持人体的免疫力。说到免疫力，还真是一个奇迹。假如你问医生，脑膜炎是由什么引起的，他会毫不犹豫地告诉你："是脑膜炎双球菌。"问题是，如果从每个人的咽喉处取一点组织做培养，十有八九会发现脑膜炎双球菌——绝大多数人遭遇这种细菌，只有很少一部分人表现出疾病。

这是免疫力创造的奇迹。它来自免疫器官生产的免疫细胞和免疫分子。免疫细胞如血液中的白细胞，当外来的细菌病毒进入人体时，白细胞会穿出血管，对其进行围剿，敌我双方的"尸体"化为脓液。免疫分子如血液和组织液中的免疫球蛋白（抗体），能与抗原相结合，有效地清除入侵的微生物、寄生虫等异物。有些免疫力是先天就有的，比如巨噬细胞（一种大型白细胞）对细菌、真菌、异物颗粒、癌细胞、衰老细胞、变性组织格杀勿论，被称为体内的"清道夫"。有些免疫力则是后天获得的，比如感染天花之后会产生特异性抗体，再遇见天花病毒就快速反应、全面戒备，将病魔扼杀于摇篮之中。正是在后天免疫的基础上，人们发明了“疫苗”，为结核病、小儿麻痹症、百日咳、白喉、乙肝、麻疹等传染病的预防提供了有力的武器。

免疫力的高低取决于免疫器官的结构功能是否正常。位于左上腹部的脾脏是淋巴细胞和巨噬细胞的大本营。平时脾脏只是屯兵之处，默默无闻，一旦敌军大举来犯，脾脏就会增生肿大，假如我们能在左肋骨下摸到脾脏，要及时就医诊疗。脾脏质地脆弱，容易在车祸和斗殴中破裂，引发大出血。这种情况下，医生会切除病人的脾脏止血。没有了脾脏的病人还是可以生存，但抵抗力下降，容易出现感冒、发烧、肺炎、败血症等，为了解决这些问题，医生往往在脾切除后把脾脏自体移植到大网膜上。骨髓也是重要的免疫器官，它的功能是造血，血液中的白细胞是杀敌的先锋。白细胞减少是骨髓造血功能下降造成的，白细胞大量异常增生则是白血病。胸腺是

T淋巴细胞分化、发育的场所，它在儿童时期活动旺盛，成年之后就慢慢萎缩。人体还有网状淋巴组织和淋巴结，假如淋巴结肿大，提示附近有感染或癌病灶。

我们安然无恙地活到今天，必须感谢免疫系统的暗中保护。免疫系统如果出了问题，比如被艾滋病病毒破坏，人体将变成毫不设防的战场，各路敌寇肆意横行。免疫系统如果敌我不分，就会患上如系统性红斑狼疮等自身免疫性疾病，后果也是不堪设想。更严峻的是，我们能用起搏器、呼吸器、人工透析等设备来代替某些内脏，却没有发明出任何设备代替免疫系统，我们总不能一辈子生活在无菌室里吧？

空气中飘浮着各种病原体，只要免疫系统正常，我们就不畏惧。然而有时候，免疫功能下降了，病魔步步紧逼。这往往和情绪的变化有关——非常愤怒、焦虑、失望、悲伤的时刻，免疫力似乎突然失踪了。很多病人的癌症、风湿、系统性红斑狼疮就是由长期的抑郁或焦虑造成，感冒发烧之类的小毛病也会因情绪低落迁延不愈。

相反，坚强的意志和开朗的胸怀，就像划破乌云的号角声，激发出全部免疫力奋勇反击。没有人能解释其中的奥秘：同样受重伤的战士，一个凭着顽强的求生意志活了下来，另一个死去；同样癌症晚期的患者，一个放下包袱快乐生活竟然痊愈了，另一个印证了悲观的预言。免疫力如展开光明之翼的天使在云端征战，怀抱信心的人配听那胜利的凯歌。

脏腑相通

五脏六腑各有使命，互相依存，任何一个脏器的损伤都可能殃及其余。例如：高血压会引起肾病，肾病又会加重肝脏的负担，肝功能下降使血氨堆积，严重时引发肝性脑病。西医的病理生理学和诊断学就是寻找疾病线索，追根溯源的过程。中医则以五行学说概括脏器之间的联系，推测病情的来龙去脉。心属火，心火上炎助生肺热；肺属金，金气亢盛耗伤肝木；肝属木，肝气郁积可致脾虚；脾属土，脾土运化不济则肾水泛滥；肾属水，肾水滋润可防心火亢烈。这只是简单的推论，五行的生克乘侮有着更为复杂多样的表现。

内脏疾病的始作俑者是什么呢？中医看来，不外乎“外感六淫、内伤七情”。六淫是“风寒暑湿燥火”六种不同的气候变化。正常情况下，气候不会使人生病，只有气候变化过于剧烈，或人体抵抗力下降时，才成为致病因素，“淫”便是太过的意思。七情则是“喜怒忧思悲恐惊”七种情绪变化。一般情况下，七情属于正常的精神活动，并不致病。但若受到剧烈的精神刺激，或某种情绪持续过久，就会导致疾病的发生。五脏与情绪的关系耐人寻味：喜伤心，如范进中举大喜过望神志不清；怒伤肝，周瑜大怒之下吐血而死；思伤脾，林黛玉常因思虑过度而胃口不佳；忧伤肺，忧伤的时候难免唉声叹气；恐伤肾，可致尿急尿痛、阳痿早泄。为此，中医提倡情绪平稳、心胸开阔、哀而不伤、乐而不淫。

西医对内脏疾病的病因分析要细致得多。以心脏病为例，有高血压导致的、感染导致的、心律失常导致的、瓣膜狭窄导致的、冠脉硬化导致的……每种病因又可以继续刨根问底，深入分子水平。西医虽然承认脏器之间千丝万缕的联系，治疗过程中仍然倾向于“头痛医头，脚痛医脚”的对症治疗，外科医生更是对病变的脏器毫不手软。随着现代科技的发展，器官移植似乎为内脏疾病开辟了一条阳关大道，只要找到合适的供体，过得了排斥反应这一关，脏器大可以“以旧换新”，顺利使用下去。肾脏、肝脏、骨髓、角膜、皮肤等移植技术已经非常成熟，心脏、脾脏、胃肠、肺等器官也都有移植的报道，这么一来，人类的寿命是否可以无限期地延长呢？

问题的关键在于脑，脑移植难度之大甚于登天。即便移植成功，这个人到底是谁？是脑的主人，还是身体的主人？脑细胞无法再生，以每10年1%的速度死亡。假定某人活到100岁，脑细胞还剩原来的90%；活到1000岁，脑细胞消耗殆尽。脑的衰老不仅表现在数量下降，更表现在质量下降，神经元出现老年斑、淀粉样变性和纤维缠结。再睿智的老人，脑力比自己年轻时还是下降的，连孔子都感叹："甚矣吾衰也！久矣吾不复梦见周公。"脑的不可替代预示了生命的必然休止，肉体终将毁坏，没有人能够获得秦皇武帝们梦寐以求的不死之身。

内脏保养

肉体的死亡在所难免，我们要选择的是：健康快乐地活到寿终正寝，还是疾病缠身地苦度光阴？相信所有人都会选择健康，这意味着要加强内脏保健，出现异常内脏感觉及早就医。恶心、酸胀、疼痛都属于能引起觉察的内脏感觉，其中最需要警惕的就是内脏痛、心绞痛、胆绞痛、输尿管绞痛、肝区隐痛、胃部烧灼痛……疼痛为疾病的诊断提供了有力的依据，并往往是病人就诊的主要原因。由于内脏感觉并不灵敏，没有疼痛或其他异常感觉的情况下，也要定期体检，防微杜渐。

《黄帝内经》里谈到养生之道，是"饮食有节，起居有常，劳作有序"，内脏保养可引以为据。先说饮食，中医食疗有不少补心补脑的配方。有趣的是，中医将五脏与五色对应，提出补养五脏的色彩配方。例如：肺属白色，梨、银耳、百合等白色食物大多润肺；心属红色，红酒、红枣、番茄等红色食物大多养心；脾属黄色，黄鳝、黄豆、牛蒡等黄色食物大多健脾；肝属绿色，绿豆、菠菜、荠菜等绿色食物大多护肝；肾属黑色，黑豆、黑米、黑芝麻等黑色食物大多补肾。当然，五脏与五色的联系不是绝对的。比如绿茶，对心脏血管也很有好处，何况五脏相通，各色食物搭配适宜才能相得益彰。

起居有常是现代人常常忽略的健康秘诀。越来越多的人习惯于夜生活，加班、上网、K歌、打牌、泡吧……夜晚成为白昼的延续，红尘男女们越晚越清醒。本来，白天是用来工作的，夜晚是用来休息的，失去宁静之夜的结果是：机体得不到调整，内脏负荷加重，神经和内分泌系统出现紊乱。复旦大学青年教师于娟，罹患乳腺癌之后写道："二十三时至次日三时，是肝脏活动能力最强的时段，也是肝脏最佳的排毒时间，肝脏是人体最大的代谢器官，肝脏受损足以损害全身，长期熬夜等于慢性自杀！"性格豪爽的于娟没有想到，长期熬夜早已在她的五脏六腑种下了病根，肝功能异常和乳腺癌只是破土而出的毒苗，患病期间的她被迫卧床休息，肝脏奇迹般地正常了，可惜还是来不及——她只能留下一本《此生未完成》以警世人，泪中欢笑，令人唏嘘。

劳作有序——简单地说就是劳逸结合，既不能过于劳累，也不能无所事事。过于劳心劳力，使身体处于应激状态，肾上腺素飙升，免疫细胞锐减，健康岌岌可危。好逸恶劳的结果，是脏器得不到锻炼，筋骨渐渐虚弱，精神涣散萎靡。我们应该在工作与休息之间找到平衡，依着各人的所长尽心工作，乐享安闲。我们可以根据事情的缓急轻重调整好时间表，明确目标，相互协作，化解压力。在世俗的工作之外，生命还有更为深远的意义，我们若能找到这个意义，就不会轻易透支或浪费自己的生命。在很久很久以后，我们或许可以说：那美好的仗我已经打过了，当跑的路我已经跑尽了……长路依稀，星河流转，此生甜蜜回首，静夜得享安息。

第十二章　第六感——你可曾经历超验世界

荣格和弗洛伊德曾就共时性理论激烈辩论，荣格说："如果你不相信心灵力量的作用，我告诉你，你马上会听到一声巨响！"话音刚落，书柜发出一声爆响，木头爆裂开来。弗洛伊德大惊失色，但是随即镇静下来，说："这只是一个巧合。"荣格说："如果你这样想，我告诉你，你马上又会听到一声！"话音刚落，又是一声爆响，无法理解的弗洛伊德只能愣在当场。

荣格凭什么知道木头会突然爆裂呢？这个念头莫名其妙地在他心里闪过，于是他说出了预言。荣格还预言了第一次世界大战的爆发：滔天的洪水淹没了北海与阿尔卑斯山之间的地区，许多文明的残骸和人类的尸体漂浮在洪水中，大海被染成血色——这无法用科学解释的先知，似乎来自人类津津乐道的第六感。

第六感没有明确的定义，甚至这个名称都是错误的——既然人类不仅拥有视、触、嗅、听、味这五种感觉，排在第六位的未必是这种未知的感觉。第六感若有若无，有时我们相信“心电感应”、心有灵犀一点通，相信某种巧合不单纯是巧合，而是潜意识赋予的能量，但是却无法证明这种彗星般倏忽的法则。双胞胎之间常有奇特的感应：姐姐的手被烫伤了，身在异地的妹妹忽然感到疼痛；弟弟养了一只名叫“Toy”的宠物狗，自幼失散的哥哥养的小狗也叫“Toy”。多数科学家只肯相信基因相同会使两个人的生理周期、思维方式等趋向相似，而不认为感觉能够互通。科幻电影则认为这种巧合来自脑电波的传递，影片《源代码》的男主角通过接收死者脑电波重返爆炸现场，用不断重复的 8 分钟再现当时的情境。

如果第六感是常人欠缺的感觉，动物们或许能提供一些线索。某些动物拥有奇特的感觉，例如：鸟类能感知地球磁场，并据此设计飞行路线，穿越高山大河；蛇的“热眼”能接收小动物身上发出来的红外辐射，监测猎物行踪；蚊子能从 30 米远处察觉人体散发出来的 CO_2，以此锁定目标……动物的特殊感觉确实很玄妙，让我们知道世界之大甚至超乎我们的体验，但这并不是我们要找的第六感，我们要找的是一种“超感官知觉”，它难以被仪器捕捉、被数据分析、被语言描述、被理智推测。

特异功能——众说纷纭的悬案

第六感令人联想起特异功能。特异功能一般分为两类，一类为感觉上的超常现象，如手指识字、透视、遥视等；一类为行为上的超常现象，如意念移物、发功治病等。特异功能在20世纪70年代末风行一时，我国各省及地方的研究机构、重点大学及国防单位都开展了特异功能研究。某航天医学研究所对特异功能人士做了50次实验，据称有25次成功将部分试样从密封玻璃瓶内移到瓶外，而玻璃瓶没有破。类似研究报道盛行了大约15年左右，后在何祚庥院士等人的批驳下渐渐偃旗息鼓。

如今虽然不再热炒特异功能，娱乐节目中涌现出许多“身怀绝技”的选手：用牙齿咬起自行车、用眼皮提水、撞破30块厚玻璃、把自己举在旗杆上像一面旗……诸如此类，还可以申报吉尼斯世界纪录。这些功能当然很特殊，但并非超越常规的“特异功能”，一般人也有类似的能力，只是程度不一样。《雨人》中的天才白痴，一眼就可以知道掉到地上的牙签有多少根——我们也可以看出牙签的数量，只不过花费的时间比较长。这些特异功能的产生可能源于“全神贯注、熟能生巧”，就如我们在中学时读的《卖油翁》，能“油过铜钱而钱不湿”；也可能源于某种特殊的神经通路，在视觉和主管运算的脑区之间出现了神奇的“捷径”，信息传递以直通车的方式运行。

感觉不同的时候，世界就已经不同。梵·高笔下的向日葵一片灿烂金黄，晚期的40余幅作品都带着一层黄灿灿的晕彩，据现代医学分析可能与服用洋地黄药物而患上视黄症有关。如果你是梵·高，你无法明白眼中的世界已经变色和变形；如果你根本没有看过这个世界，你也无法理解向日葵究竟是什么颜色，太阳的红和小草的绿是怎样的差别；反之，如果你天赋异禀拥有了一种从来没有过的感觉，你将难以用人类现有的词汇来描述，你将孤独地感受着这个世界不为人知的一部分，被视为精神病人、骗子或幽灵……总之，没有特异感觉也许是件好事，迄今为止也没有人说出一种全新的感觉，所谓“手指识字、透视、遥视”不过是在现有的感觉上更进一层。

直觉——电光火石的闪现

“第六感”有时接近直觉。直觉是意识的本能反应，不是思考的结果。人们在错综复杂的情势下，无法用惯常的逻辑思维解决问题时，往往会求助于直觉，下面就是一个有趣的例子。

梅里美是一名出色的特工。他接受了一项任务——潜入某使馆窃取一份间谍名单。名单放在保险箱内，密码只有老奸巨猾的格力高里知道，梅里美在上司的安排下进入使馆成为格力高里的秘书，并逐步取得了格力高里的信任。可是，格力高里始终没提过保险箱密码一事。梅里美多次试探打听也毫无结果，离窃取间谍名单的期限只有一天了，梅里美决定铤而走险。他潜入格力高里的办公室，试图用解码技术打开保险箱，一阵忙碌之后发现是徒劳的。警卫还有10分钟就会进屋巡查，怎么办？突然，他的目光盯住墙上的一部旧式挂钟，挂钟从来没有走过。梅里美曾经问过格力高里是否需要修钟，格力高里说这是为了纪念一个特殊的时刻。梅里美顿时热血沸腾，按照钟面上的指针指定的数字在最后的几分钟内打开保险箱拿到了名单。

这种"急智"正是直觉的表现，它不依靠明确的分析活动，不按事先规定好的步骤前进，而是从整体出发，用猜想、跳跃、压缩的方式，直接而迅速地做出判断。2002年7月，一架俄罗斯客机在瑞士上空飞行，飞机的电脑导航系统通知飞行员，前面有一架飞机在靠近，请升高避让。与此同时，瑞士空中管制中心的管制员向客机发出下降避让的指令。两架飞机越来越近，飞行员只有30秒做决定。如果你是飞行员，是相信管制员还是相信机器？这个性命攸关的瞬间，俄罗斯飞行员凭直觉相信了管制员，两架飞机空中相撞，无人生还。悲剧告诉我们，直觉不一定是正确的，很多时候甚至是危险的。心理学家指出：直觉是大脑玩的“配对游戏”——大脑遇见一个情况，在乱糟糟的知识、经验仓库做一番快速搜索，找到相似情况，然后按以前的老办法处理，成败与否很大程度上取决于过去的知识和经验积累。心理学家还指出，女人更容易相信直觉，然而她们的直觉未必能在关键时刻帮上大忙。

灵感——刹那花开的春天

那些创造性的直觉，被称为灵感，众所周知的阿基米德定律就是灵感浮现的经典案例。阿基米德想查明皇冠中的金子是否掺入了白银，他知道金与银的比重不同，等重的金与银体积也不同，如何测出结构复杂的皇冠体积呢？阿基米德百思不得其解，带着问题跨入浴缸。他看到浴缸中溢出的水，即刻想出了办法：把皇冠置入水中，被皇冠排开的水的体积就是皇冠的体积。

文学界这样的例子更多，巴尔扎克的《人间喜剧》包括91部小说、2400个人物，这些人物属于社会各阶层，有些是他熟悉的，有些并不熟悉，却都在他笔下栩栩如生。灵感到来时，他的才思泉涌、浮想联翩；灵感消退时，他什么也写不出来，即便勉强写下几行字总觉得不满意。

并非天才才具有灵感，普通人同样能获得灵感的光芒。一个男孩看见有人举着牌子在火车站的出站口接人，不由灵机一动：每天有很多人来火车站迎接认识或不认识的人，却只有少数人准备了纸牌，如果自己做一些纸牌拿过来卖，会不会有销路呢？说做就做，他回家找了些硬纸板、毛笔、

墨水，又来到火车站，以 5 元的价格出售现场制作的纸牌，不一会儿就被抢购一空。他看到纸牌用完之后被随地扔掉，很可惜，就改用 3 元的价格出租并回收，结果生意更好。一个暑假下来，他就攒够了新学期的学费。

灵感十分神秘，但绝不是空穴来风。灵感是建立在理性思维基础上的直觉思维，是需要实践来证明的创新思想。如果没有 99%的汗水打下的根基，也就没有 1%的灵感绽放的花朵。如果没有时刻关注、深入思考、不懈追求，灵感不过是空中偶尔飘过的一朵云彩，悠悠荡荡就消散了。

灵感可能在冥思苦想中如约而至，也可能在放松状态下不期而至，阿基米德在洗澡时发现浮力定律、爱因斯坦在病床上想到相对论、华莱士在疟疾发作时想出自然选择观点、凯库勒在半梦半醒中描绘出苯环的结构。灵感就像花间草叶上掠过的精灵，爱它的人们要敞开心扉随时做好准备，才能捕捉住这稍纵即逝的绚丽花火。

预感——玄妙莫测的谜语

古代的巫师通过占卜、星象或预言的方式来证明自己的法力——这实在是一种令人羡慕的能力，如果可以预知将来的祸福机遇，就能够改变命运臻于尽善尽美，在人生大道上遥遥领先，然而这是可能的吗？

一种答案是可能，就像亚马孙热带雨林中的一只蝴蝶的翅膀，和美国得克萨斯州的一场龙卷风之间存在必然的联系，万事万物都有因果。举例来说福利彩票中跳落的小球，能说是100%的随机事件吗？它和当时的地壳运动、风速、气温、空气中的悬浮颗粒、机器的运行状态、人手的运动等都有关系，假如所有的因素保持一致再来一遍，蹦出的还是同样的小球。从这种观念上说，我们的一生似乎被某种内力外力的牵拉制衡所决定，而并非真正由意识所主宰，哪怕此刻你的脑中冒出一个与原来选择相反的选择，这次逆转也有它的前因后果。

另一种答案是不能——预言是不可信的。就算万事万物都有线索，谁能够从错综复杂的线索中得出确切的结论呢？谁能从亿万种可能性中挑选出注定要发生的那一个呢？连天气预报都经常出错，更不要说推演遥不可知的命运。

论到预测命运，《易经》可称为鼻祖，传说“周文王被囚禁在羑里无事可做，就用小木棍在地上占卜凶吉。太极生两仪、两仪生四象、四象生八卦、八卦又生六十四卦，每一卦的爻辞就是判断吉凶的文辞”。后来，齐国大夫邹衍创立的五行学说与《易经》结合，又由汉代的董仲舒、京房等人推衍，逐渐形成了一套卜卦算命系统。据说唐代的监察御史李虚中以此推断人的富贵贫贱、吉利寿夭，达到“百不失一”的境界。欧洲的占星术与中国的生辰八字有异曲同工之妙，根据人的出生时间、地点，推测一生的运势。有位星座爱好者告诉我这样一个故事：法国占星协会要求占星师们看1200个命盘，这些命盘的主人都是占星师们从未见过的，结果占星师预言的正确率不到38%，但如果让占星师面对面地看对方的命盘，正确率可以高达90%以上。命盘上的同一个相位，可能有两种截然不同的说辞，看来命运也写在人的眼角眉梢，而非数万光年之外的星辰所能编排。

即便命运真的写下蓝本，我也不想预知结局，否则人生如一本刚打开就读尽了的书，一定缺少很多乐趣。我相信冥冥中真有一些预感，讲述前方可能遇见的福祉与患难，那是冥冥之中天道运行——若能寻见真理的道路，必能怀着美好的预感一直走下去。

感悟——明心见性的清泉

悟性也许是最深层次的第六感，改变的不仅是一时一事的轨迹，而是内在的方向。禅宗讲“顿悟”，公案就是引发顿悟的契机。有一则公案说，香严禅师聪明机智，却一直没有开悟。一天，大师兄沩山禅师问了他一个问题："听说你在先师门下的时候，能问一答十，问十答百，你能不能把生死大事的根本，也就是父母未生你之前的根本说给我听听？"香严张口结舌，把以往读过的经典翻遍了也找不出答案，便恳求沩山点拨一下。沩山说："我说出来是我自己的，跟你没有什么相干。"香严心灰意冷，找了个地方隐居起来，不想再问佛法了。许久之后的一天，香严在开荒除草时，随手扔开一块瓦砾，瓦砾撞到竹子上，发出清脆的声音。香严心中一顿，豁然开悟。欣喜之余，他向着沩山所在处遥遥行礼道："当时您要是为我说破，哪里会有今天开悟之事？您的大慈大恩，胜过我的亲生父母啊！"

香严悟到什么，亦不可言说，禅宗就在于一刹那的明心见性，若用语言来描述，开口便错了。宗教、哲学、文学、艺术这些探求深层价值的东西，都

很看重悟性，席慕蓉作为美术系的教授曾感叹道：在大学教美术简直多余。对有悟性的学生，会担心过多的指导使他们落入窠臼；对缺乏悟性的学生，会担心他们敲不开艺术冰冷的大门耽误了一生。值得安慰的是，并非只有美术称得上艺术，生活才是真正的所有艺术的总和，一个热爱生活的人，终必有所领悟。

“悟”这个字拆开就是“我心”，“觉悟”合在一起就是“见我心”。知道自己的心里究竟想什么，什么是真正值得追求的，这就是觉悟了。物质世界的一切都是短暂的，倘若太看重世俗的享乐，离清明的了悟会渐行渐远。在纷纷扰扰的名利诱惑中坚持精神之旅的人，才有可能拥有最终的宁静和彻悟，顿悟也好、渐悟也罢——期待那一刻恰如清风拂面，泉水甘甜。

感性与理性

有关第六感的种种猜测，已经脱离了感觉本身，上升到认知的层面。一方面，我们无法说清大脑中这些独特的思维活动到底源自何处，另一方面，我们评价有着直觉、灵感、预感等种种知觉的人，常常说他/她比较感性，或比较理性，感性和理性之间有着怎样微妙的差别呢？通常来说，感性认知比较直接，倾向于含有情绪因素的判断。理性认知比较明智，经过了分析和推理。例如：当你从拥堵的车流中赶到机场，机场工作人员告诉你飞机在2分钟前已经起飞了，感性认知会马上浮现：“为什么偏偏迟到2分钟，我实在是太倒霉了！”理性认知则静静告诉你：“飞机已经赶不上了，必须设法改签下一班飞机，并和相关人员协商处理今天的误机事件。”这还算不了什么，危机出现的时刻两者的决定可能背道而驰。和恋人分手的时候，理性认知会说：“我们的确存在很大分歧，勉强在一起也不会幸福，不如早一点分手，大家都会好过一点。”感性思维则反驳：“我对他/她这么好，他/她却不爱我了，这是对我莫大的伤害与侮辱！我一定不能让他/她得逞，要么继续纠缠下去，要么让他/她付出惨痛的代价！”

难怪佛语有云“纯想即飞，纯情即坠，情想均等，生于人间”，大意是说很理性的人会上天堂，太感性的人会下地狱，既感性又理性的人，就是普天下的芸芸众生。那么，感觉上麻木一点、情绪上迟钝一点就好吗？渡边淳一的《钝感力》热销了千万册，无非说人太敏感了易受伤，不如培养自己迟钝的力量，对讽刺挖苦置若罔闻、对流言蜚语无动于衷、对不愉快的事迅速忘记、对表扬也不要得意忘形。不过，钝感力中最精辟的一条，就是对认定目标百折不挠的追求，相比于对该目标的无比“敏感”，其他干扰因素的影响都可以忽略不计。由此可见，感性认知如果运用得当，完全可以化阻力为动力，化腐朽为神奇。

感性认识使我们生而为人，有着人性的优点和缺点；理性认识使我们跳出七情六欲的藩篱，客观公正地看待问题，避免做出草率的行动。驾驭在感性认识和理性认识之上的还有更深沉的思辨、联想、爱情、信仰……人类璀璨的精神之花使感情和理智能向着光明的一面生长。小说《灿烂千阳》里，阿富汗妇女身裹长袍，以布蒙面，不能受教育，不能工作，不能独自外出，若是想逃离暴戾的丈夫，就会被抓回关押毒打……她们面对惨痛的人生没有绝望，而是像诗中说的："人们数不清她的屋顶上有多少轮皎洁的明月，也数不清她的墙壁之后那一千个灿烂的太阳。"理性告诉她们还有亲人需要她们坚强地活着，感性告诉她们绝望之中总有希望，没有太阳的日子心中也有阳光。

潜意识之谜

我们尚无法通过科学实验解释第六感，也无法通过逻辑推理证明第六感，一种广为接受的观点是：某些讯息经年累月储存在脑海里，人们却不曾察觉。当它们浮现到意识层面成为可辨认的感觉时，就是所谓的"第六感"，第六感是潜意识的漂浮物，也可以被意识所辨认。

潜意识与记忆密不可分，而记忆的最初形式就是感觉。当我们走在大街上看见一棵树，就产生了一种瞬时的感觉性记忆。如果这棵树对我们来说无关紧要，感觉性记忆不到一秒钟就消失了。如果这棵树的姿态、颜色或气味吸引了我们，感觉性记忆就转入短时记忆。假如你进一步对这棵树发生了兴趣，徘徊流连，关于这棵树的短时记忆会转入长时记忆。假如你在树下静坐冥想、豁然开悟，这棵树在你脑中的印痕将持续终生，永不忘怀。

我们一生中，许多记忆都无法持久，它们被意识遗忘，却可能进入潜意识的宝库。某心理学家的客厅挂了一幅《满江红》的书法，一次他请朋友做客，笑谈之间请朋友写十个带有三点水旁的字。朋友不假思索提笔就写，写的都是《满江红》中出现的字。心理学家指出这点时，朋友连称奇怪，他并没有注意到客厅里有这幅《满江红》啊。这就是潜意识的区域，它容量之大，据说占据了人脑信息总量的95%，对人们的思维方式与行为模式发挥着不容忽视的影响。

弗洛伊德是最早提出潜意识理论的学者，他认为潜意识的内容包括人的原始冲动和各种本能以及被压抑的各种欲望，并且被压抑的内容很多是童年期个体所受到的性挫折或与性相关的消极记忆。例如：有位聪明的女孩总是很难与异性接近，因为她是个私生女，在潜意识中总有个声音对她说："你是个非法的孩子。"当她接受精神治疗后，终于有勇气面对潜意识的伤痕，并且告诉自己："虽然我的出生是不合法的，但是来到这个世界上，我就拥有了存在的权力。"她开始追求幸福的生活，不再受控于潜意识的制约。潜意识所引出的精神分析理论把心理学研究带入一个全新的领域，了解潜意识旨在征服潜意识，进而改变意识。

弗洛伊德最得意的学生荣格提出了不同的看法。他把潜意识又划分为个体潜意识和集体无意识，个体潜意识是潜意识的表层，它包含一切被遗忘的记忆、知觉以及被压抑的经验。个体潜意识的主要内容与形式是"情结"。所谓"情结"就是个人的心理内容（包括观念的和情感的）聚集在一起，形成一簇簇难以解开的心结。荣格认为情结最深层次的根源是集体无意识。集体无意识是荣格最伟大的发现，它是个体始终意识不到的潜意识，它的存在不取决于个人后天的经验，而是在漫长的历史演化过程中人类祖先积累的经验，是人必须对某些事件做出特定反应的先天遗传倾向。集体无意识的主要内容是各种原型，所谓"原型"是所有人共有的同一的精神结构，"人生中有多少典型情景就有多少原型"，人并非出生如一张白纸，而早已留下了古往今来无数人的印痕。

回到本章开头的争论，浪漫主义的荣格怀疑理性和理智，在他看来，潜意识是智慧的最深根源，分析治疗的功能是帮助病人接触这种非理性的智慧根源，并从中获益。荣格对潜意识持浪漫主义的赞赏态度，而弗洛伊德则采取理性主义的批判态度；荣格相信某种神秘力量的客观存在，弗洛伊德则相反。

其实，关于第六感谁也不能妄下结论，它存在与否正取决于此刻你脑中的波澜。

第十三章　幻觉——花非花，梦非梦

美国人史迪患有严重的幻听症，耳朵里总有许多声音喋喋不休地数落他，唆使他跳楼自杀。由于幻听，他从一个资优生变成逃学生，被家人放弃之后更成为沦落街头的流浪汉。最令他难过的不是生理上的痛苦，而是人们的冷淡对待。32 年里，他不断奋起反抗，与那些看不见的敌人做斗争。最终在医生的协助下战胜了病魔，并创办了著名的心理健康杂志《纽约之声》，成为美国家喻户晓的英雄。他所著的《声音停止的那一天》真实地描述了幻听患者的心路历程，唤起社会关注和精神疾病患者康复的信心。

幻听是最常见的幻觉，此外还有幻视、幻嗅、幻触等，都是在没有客观刺激的前提下，却感受到了清晰或模糊的知觉。真性幻觉的“植入”通过了感受器的传导路径，患者明确地认为那是听到的、看到的，对之坚信不疑。假性幻觉虽无明确来源，但声音或图像常萦绕于脑中，同样令人神魂颠倒。幻觉可怕之处是令人对自己发生深刻的怀疑，进而引发精神分裂。《王子复仇记》中，哈姆雷特看见父王的鬼魂在皇宫外游荡，告诉他叔父是篡位的凶手，母亲正与凶手乱伦。没有人听到同样的话，那么是他疯了呢？还是所有的人都疯了？是该相信自己的感觉呢？还是该相信那群把自己看成疯子的人——每个被幻觉纠缠的人都面对这样的困境。

幻觉可能引发精神分裂症，精神分裂症往往伴有幻觉，两者恶性循环。有个精神病人总觉得肝痛，便认为自己被外星人俘获了，在肝脏植入了跟踪器，虽然检查结果表明他的肝脏正常，但他始终不肯承认这是一种内脏幻觉。幻觉的起因有很多:脑部病变如大脑颞顶叶肿瘤或颞叶癫痫等,常有幻听和幻嗅的症状出现。老年性耳聋、严重的肺心病、肝病、慢性肾衰等均可能诱发幻觉。健康人在劳累、紧张、高烧、非常饥饿、服用某些药物等情况下也可能产生幻觉,一半以上人群承认有过幻觉的经历,且幻觉产生往往与心理预期有密切关系,比如在焦急地等待亲人回家,忽然听到钥匙开门声,实际却没有人来;再如母亲突然失去儿子,悲痛万分,有时幻视到儿子向自己走来。这类幻觉持续的时间往往不长,随着情绪平稳、适当调整,便会痊愈。

幻觉有时也很美妙,毒品能带来随心所欲的幻觉,催眠能把人带入异彩纷呈的梦幻世界,睡眠是梦幻的花园——如果这也可以称为幻觉的话,每个人每一夜都在经历幻觉。无法想象失去了梦境人类会变成什么样子,我们就从梦的缺口走进幻觉的迷雾魅影吧。

梦幻之城

漆黑的夜里,梦是不请自来的客人,带我们进入异度空间。关于梦的科学研究从脑电图的记录开始。1953 年,美国芝加哥大学的克莱特曼(Kleitman)教授对一批受试者进行实验,让他们戴着特制的电极帽入睡,监测整个睡眠过程的脑电波。克莱特曼教授发现:每当受试者的脑电波出现快波时,眼球会快速转动,仿佛闭着眼睛在看什么东西。这时唤醒他们,他们通常说正在做梦。而脑电波为慢波时,受试者没有快速眼动,被叫醒时大多说没有做梦。由此可知,梦是与脑电图的快波及快速眼动相联系的。整夜的睡眠过程中有 4~6 个快波睡眠的周期,大约会做 4~6 个梦,前半夜的梦较短,后半夜的梦较长,共约 1~2 小时的时间在梦境中度过。我们往往觉得梦境中的时间很悠长,可能是没有参照物的缘故,就好像平时心念一动,可以从爱琴海飞到撒哈拉沙漠,现实中却不可能这样神速。

人们常认为做梦是没有休息好的表现，以致对“多梦”忧心忡忡。其实大可不必担心。研究证实，在做梦的快波睡眠周期中，脑血管扩张，脑血流量比慢波睡眠时多30%~50%，脑细胞代谢旺盛，脑力得到恢复，因此快波睡眠被称为“脑的睡眠”。而慢波睡眠时，生长激素的分泌量增加，促进身体的合成代谢，使体力得到恢复，因此慢波睡眠被称为“身体的睡眠”。不

同的年龄阶段，快波睡眠和慢波睡眠所占的时间比例不同，老年人快波睡眠时间所占比例减少，而儿童快波睡眠时间的比例可达$\frac{1}{2}$，对大脑发育有利。

梦中有声有色，声色从何而来？快波睡眠中，脑的蓝斑核兴奋，蓝斑核的兴奋传递到脑的视神经束，从而“看见”各种各样的场景。蓝斑核还起着抑制躯体运动的作用，如果失去抑制，就会说梦话甚至梦游。梦中的听觉、嗅觉、触觉、味觉都可能由脑部相关核团的兴奋而发生。白天，这些核团接受外界输入的刺激信号，夜晚，外界刺激减弱，它们被压抑的“激情”要释放一下，于是自发兴奋来编织梦境。

梦中的情节又是由谁来编造呢？它荒诞离奇，有时简直匪夷所思，好人也可能梦见自己杀人放火，英雄也可能梦见鸡鸣狗盗。弗洛伊德在《梦的解析》中说：梦是一个人与自己内心的对话，是另外一次与自己息息相关的人生，是欲望的满足与补偿，是通往潜意识的捷径。例如：许多人都做过考试的梦，焦虑地梦见考试不及格或者需要补考。弗洛伊德的解释是：每当做错了事，或者接手一件棘手的事情时，我们就想到自己可能因为“做不好事情”而受到惩罚。这时候，我们在童年时受到惩罚的痛苦记忆一下子活跃起来——尤其是在考试的“黑暗日子”里，这种体验更是刻骨铭心。然而只有顺利通过考试的人会做这种梦，落榜的人却不会，梦境实际上也是在安慰人们：“不要害怕做不好以后的事情，你看，考试之前是多么焦虑，结果不都是有惊无险地度过了吗？”

梦境可以被解析，有没有可能被编造呢？影片《盗梦空间》堪称一场精彩的梦幻之旅。男主角科布能潜入别人的梦中，窃取有价值的信息和秘密。为了“植入”特定的观点，必须制造一系列场景，那些沧海横流、奇峰迭起、街道交错、天地倒转的镜头充满了夸张的视觉效果。我不知道梦境是否能制造得如此精彩，可是肯定的是，梦可以被外界环境的刺激牵引。下着暴雨的晚上，常会梦见河水滔滔；没有盖好被子的冬天，可能梦见下雪；这意味着感觉传入参与了大脑的兴奋，进入了梦境。日本一家公司据此发明了“造梦机器”，寻梦者睡前先看一张他喜欢的照片，机器随即将寻梦者所憧憬的梦境记录下来，并通过播放音乐、散发香气等手段引导睡眠者进入希望的梦境。

白　日　梦

白日梦是另一种形式的“造梦”，简单易行，几乎无人不会。然而白日梦既不是梦，也不是幻觉，仅仅是一种受意识控制的联想，招之即来，挥之即去。很多人都热衷于做白日梦，某公司会计平时兢兢业业，闲下来就开始想入非非：突然中了500万彩票，接下来该怎么办？领奖，疯狂购物，成为高级俱乐部的会员，出国旅游，建立长治久安的理财方案……想得丝丝入扣。她并不太热衷于买彩票，喜欢的就是梦的过程，白日梦对她而言就像一颗维生素药丸，提供精神上的滋养和慰藉，又有什么不可以呢？

有时白日梦还能创造财富，《哈利·波特》的作者罗琳曾是位不幸的单亲母亲，一度失业，生活困难。32岁时，她出版了第一本书《哈利·波特与魔法石》，从此生活发生了翻天覆地的变化，如今她的财富已经超过了英国女王，成为大不列颠最富有的女人之一。哈利·波特岂不是一个梦吗？可是人们需要这样的梦境，就像需要电影和电视一样。好莱坞已经成为全世界最大的梦工厂，帮助亿万人完成一次次集体造梦。让每一天都大同小异的人们看见：生活除了忙忙碌碌挣钱和吃饭之外，还有激情、冒险、奇迹等种种可能。

科学家的白日梦是另一种景象。爱因斯坦从小就喜欢幻想，被父亲认为“不切实际”。他坐在公交车上想：如果公交车达到光速，时钟上的光就追不上它了，所以时钟上的针就会停下来——相对论的雏形在他脑海里产生了。不久他发现自己错了，公交车在加速，光在加速，万物都有加速度。广义相对论中，巨大的物体弯曲了它周围的时空，就像太阳吸引了周边物体围绕它旋转，也会引起光的弯曲。怎么证明光的弯曲呢？找个日全食吧。

经过3次日全食，人们发现爱因斯坦是对的，他的名字开始家喻户晓、妇孺皆知。如今我们享受着21世纪的高科技，岂不知那一项项发明创造，都从异想天开中来。

白日梦是彩蝶的双翼，带我们在梦想与现实之中翩翩穿行。适度的白日梦有益无害，不可或缺——然而，它必须是可控制的，如果大量浮现，思维奔逸，就不是单纯的白日梦了，而进入了真正的幻觉。

幽幽幻境

几乎所有感觉都能够产生幻觉，身处幻觉中的人们，已经游离于真实世界，沉溺于无涯的幻境。幻听是最常见的一种，不少老年人听力下降，对外界真实的声信息反映迟钝，脑子里面却似植入了收音机般，不断发出话语或歌曲。更有甚者，这话语带有命令性，要他杀人或自杀。陈达是台湾著名民歌手，晚年的他患了幻听症，耳朵里总有人恶言骂他，千方百计地陷害他，以致神情恍惚，遭遇车祸不治身亡。幻听的机制尚未完全明了，临床医生一般认为，幻听是大脑听觉中枢对信号错误加工的结果。幻听者由于听觉中枢出现障碍，不能将声音信号正确地向听觉中枢传输，而是将声音信号歪曲或夸张，甚至按主观意图加以改造。幻听常见于耳聋者，保护听力、按摩耳郭可以预防幻听。

幻视者的眼前闪烁着光线或图案，也可能呈现出复杂的情景或场面。6岁的小男孩东东告诉妈妈，幼儿园的小朋友都变成了动画片里的机器人，妈妈开始以为是孩子随口乱说，后来觉得不对劲，到医院检查才知道是癫痫引发的幻觉。食物或药物中毒导致幻视的例子也不少，一个农村青年，见广告上有蒙汗药出售，买回一包以身相试，不久眼前出现很多青面獠牙的人物向他扑来，又有巨蟒来咬噬他，整夜哀呼不绝，被送到医院抢救。原来那蒙汗药的原料有曼陀罗花，含有致幻物质。

幻触者在没有真正触觉刺激的情况下，感到被触摸。这种感觉可以是人或动物的触摸，也可以是麻木、针刺或触电。某些病人在麻醉药作用下会产生幻触，并因此起诉对自己进行手术的医生。某些病人有口腔幻触，感觉口中有弹簧、鸡毛之类的东西不断冒出来，有时还伴有幻味，如金属味、甜味等，这些很可能是各种急慢性中毒的表现。

幻嗅者经常闻到腐烂食物、尸体、化学药物等令人作呕的气味，气味通常很浓，几乎令人窒息，病人往往认为是坏人加害他而放的毒气。有些幻嗅是受了他人的暗示——心理学中有个经典案例：某教授打开一支试管，声明里面装的是有刺鼻气味的挥发性溶剂，闻到气味的学生请举手，班上的学生陆续都举起了手。因为嗅觉信号不稳定，心理因素可能引起正常人幻嗅，但如果这种幻嗅反复发生，旁人稍皱一下鼻子就产生幻嗅，就可能是心理疾病的表现。

此外还有内脏幻觉、运动幻觉、幻痛等，都给病人带来了极大的困扰。幻觉的产生被认为是部分脑区不正常兴奋的结果，可能是功能性的病变，也可能是器质性的病变。迄今为止，人们对精神疾病的研究成果极为有限，相信精神病人被“鬼魂附体”的依然大有人在。实验发现刺激某些部位的大脑皮质会出现风琴音乐等知觉，似乎从记忆中调出了某些片段，但这不能解释为什么幻觉有时是超出生活经验和现实世界的。也有人认为，幻觉就是梦的延伸。既然人人都会做梦，人人都拥有出现幻觉的“潜力”，正常情况下绝大多数幻觉被大脑抑制住了。可是在睡眠、饮酒、高烧、服药等状态下，幻觉如漏网之鱼占据我们的神经，在脑海中如冰山浮现。

致　幻

人们虽然视幻觉如鬼魅，有时却又想方设法地致幻，以求达到常人难以企及的境界。麦角酸二乙基酰胺是最典型的致幻剂，它是从小麦中附生的细菌——麦角菌中提取出来的，服用30分钟后眼前幻影重重，对时间和空间认知产生错乱。毒蘑菇中有不少致幻蘑菇，误食后会有幻听和幻视，飘飘然失去平衡感，严重者会失忆或死亡。毒蘑菇中的裸盖菇素是引起幻觉的主要成分，这类蘑菇在墨西哥土著人的宗教仪式中使用了数百年，还被美国和欧洲国家的许多年轻人用于消遣。产于墨西哥瓦哈卡州的迷幻鼠尾草，常被巫师们制成“茶”，在宗教仪式上饮用。鼠尾草也被做成精油来使用，适量情况下能让人体会到深度放松和大自然的宁静愉悦。在中国，来自天仙子、洋金花和颠茄中的莨菪碱据说就是华佗的麻沸散的主要成分，食之进入生动的幻境，和根本不在眼前的人说话。颠茄是一种开紫色小花结球状浆果的植物，它的毒性很强，小孩误食两个球果就会丧命，不过它也是很好的解痉药和扩瞳药，在临床上使用广泛。洋金花属茄科曼陀罗属，花朵硕大美丽，香气清幽。“曼陀罗”一词来自梵语，是圆满具足的意思，这曼妙的名字和奇特的药性使它成为万花国中最富传奇的品种。

除了各种化学药物引发的幻觉，大脑缺氧也是幻觉常见的起因。有个温州人前往丹巴考察矿山，途中出现高原反应，见人自称“联合国秘书长”，经高压氧舱治疗数日后才恢复正常。荒山野岭的夜晚也容易“活见鬼”，因为到了晚上，树木的光合作用停止而呼吸作用加强，于是消耗氧气而产生二氧化碳，人到了鬼影幢幢的林子里本来就紧张，这样就更容易“见鬼”了。国外的中学生中曾经流行一种“死亡游戏”——压迫体验者的颈部和胸部使其昏迷过去，唤醒后问他看见什么。昏迷过程中，脑细胞会大量受损，留下不可逆转的后遗症，昏迷时间过长，可能造成脑死亡。如果死亡是一种“游戏”，还是留到最后再玩吧，很多人在临终前看见光、隧道、麦田、久别的亲人、开满鲜花的小径……天国泥犁任它幻拟，生死大幕缓缓开启。

魔术也许是最安全的致幻。魔术也被称为幻术，魔术师让鸽子凭空出现、助手瞬间消失，或者读出对方心中的数字，从悬空的铁棺材里逃生，这些会令我们觉得不可思议。如果我们事先知道这是魔术表演，无非睁大眼睛惊叫几声，对于那些不知情的观众来说，这可是活生生的奇迹啊！据说，法国魔术师胡迪曾带了一只神秘的小木箱到阿尔及利亚，这口箱子在他手里非常轻，但是到了敌军的手中就变得异常沉重，仿佛夺走了敌军体内的力量，他还通过口衔子弹让敌军以为他真的刀枪不入，由此阻止了战争。二战期间，英国魔术师贾斯帕从德军眼皮底下把亚历山大港“搬走”，让大轰炸的计划落空；贾斯帕还以北非浩瀚的沙漠为舞台，徒手迎战“沙漠之狐”隆美尔的10万铁军。魔术虽然令人惊异，却并没有制造出真正的幻觉，而是将观众的感觉误导，使其形成错觉。魔术师必须有良好的心理素质和表演天赋，才能把观众带入真假难辨的境地。

错　觉

幻觉和错觉常被混为一谈，其实是不同的概念。错觉顾名思义是指错误的感觉，将实际存在的事物歪曲地感知为与实际事物不相符的事物，而幻觉则是“无中生有”的感觉。图形错觉是最简单的错觉，同样的线段，在长线段的旁边会显得比较短，在短线段的旁边会显得比较长。埃舍尔是著名的错觉图形大师，在他的画作中，明明是向二楼上去的楼梯不知为什么却返回到了一楼，鸟儿在不断的变化中不知什么时候突然变成了鱼儿，瀑布从永动机一般的塔楼水槽中飞落下来，栩栩如生的两只手拿着铅笔在纸上相互勾勒……他那稀有的画风在很长时间里被美术界视为异端，后来却被数学家、建筑学家和哲学家视为知己，并在年轻人中大受欢迎。

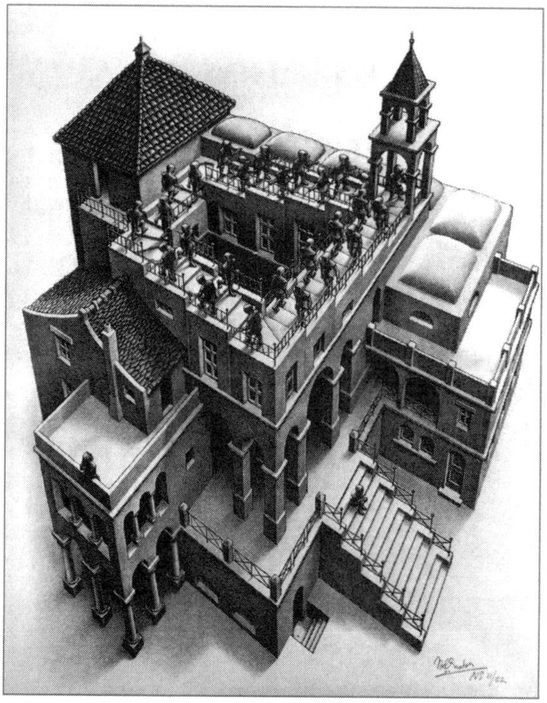

错觉的存在并非感受器的缺陷——相反，感受器太“聪明”了，总想在现有的资料上做出分析判断。我们看见一盏台灯，并没有看清台灯的每一个细节，但是大脑却已经勾勒出台灯的整体印象，那些没有看清、没有看见的部分，都被大脑用准确的推测“填补”上了。大脑总是根据以往经验快速地做出“填补”，这种填补大多时候是正确的，但有时也会出错。

错觉可能造成灾难。公元383年，秦军与晋军决战于淝水。晋军请求秦军让他们渡河再战，秦军同意了，当前线的秦军后移时，秦军后面的部队以为前锋被打败了，顿时大乱，溃退路上“风声鹤唳、草木皆兵”。这是紧张造成了错觉，错觉加重了灾难，只有冷静清醒的人才能看清真相化险为夷。泰坦尼克号的沉没据说也和错觉有关，那晚海面上的能见度很低，冰山看起来就像风浪激起的白色泡沫，当监测员发出警报时，离冰山只剩下400米。如果一头撞上冰山也就罢了，舵手又错误地估计了船速和距离，试图转舵避开冰山，结果泰坦尼克号被冰山撞成两截，1517名乘客和船员永沉海底。

错觉不一定都是有害的，有时也可以为人所用：小房子里多装几面镜子，会有扩大空间的错觉；商品价格定在99元而不是100元，会给消费者价格低廉的错觉；候车室里播放电影或音乐，会给旅客时间过得比较快的错觉；格子纹的衣服或者烫蓬松的发型，会给体态丰满者制造出苗条的错觉……有趣的错觉弥补了人们心中的缺憾。

错觉不一定是错误的“感觉”，也可能仅仅是错误的认知，生活中的错觉是无处不在的。举例来说：假设你得了一种病，这种病有万分之一的可能性让你在5年内突然瘫痪，你愿意花多少钱来根治这种病呢？假设你的身体很健康，医学界研制出了一种新药，一旦服用了这种药，会使你在5年中有万分之一的概率突然瘫痪，医药公司付多少钱你才愿意服用这种药呢？大量问卷结果表明：人们普遍在第二种情况下要求取得的金额远远高于第一种情况下愿意支付的金额。其实这两个问题讲述的是同一个情况，都是5年中万分之一的瘫痪可能性和金钱的权衡，是完全等价的问题。既然完全等价,答案为什么不同呢?这就是一种心理错觉。

虚幻与真实

幻觉和错觉总是短暂,我们终将重返现实。传说中有个古老的国度,那儿的人十年一觉、十年一醒,在梦中就以为梦里的世界是真的,醒来又认为醒着的世界是真的。倘若我们的睡眠周期不是8小时而是16小时,我们怎能不信白昼才是一场短暂的幻梦?相比永恒的漫长,人生短暂如一阵烟雾,我们如何确定这就是实实在在的世界?

或许现实世界有一些规律可循,比如旋转的陀螺总是越转越慢,最后停下来;灌铅的骰子无论怎么投掷,朝上的总是同一个面。我们以此分辨出现实世界,因为它符合自然的法则和人类的理性。可是现实有时也很残酷,每一分收获都要付出汗水,理想和现实之间遥不可及。更有甚者,可能遭遇重病、残疾、贫困、迫害,都不是能够轻易改变的。我们能像《黑客帝国》中尼奥一样,选择留在充满危险的现实世界,离开应有尽有的虚幻矩阵吗?我们能在清晨起床的时候满怀喜悦地睁开眼,投身新的一天的怀抱吗?

我们必须面对现实,这是无可逃避的选择,现实世界好与不好,取决于我们的观念。伊甸园里是没有善恶的,亚当和夏娃过得无忧无虑,自从偷吃了智慧树的果实后,眼中的世界就跟以往不同,如今我们觉得美貌比丑陋好、富有比贫穷好、学者比文盲好、没病比有病好,这才有了悲欢离合的起源。既然我们不可能退回伊甸园去,我们总可以学着培养积极的认知,哪怕有一点阿Q,有一点梦幻。

世界上不存在绝对的真实,我们认为玫瑰是红的、天空是蓝的,其实它们本没有颜色,只是反射出不同波长的光线。我们认为泉水是甜的,泪水是咸的,其实它们本没有味道,只是其中的微量矿物质在刺激味蕾。如果我们过于认真地分析这个世界,世界会变得一点也不美丽,一点也不可爱,还不如放开知识，享受当下的喜悦。就在几天前，我目睹了一个小丑的扯铃表演，他把铃（空竹）扯得出神入化，扣人心弦，在舞台的荧光下如一只只绚丽的彩蝶。他曾是个自卑的男孩，10岁那年接触了扯铃，忽然就找到了快乐——我知道很多人是在追梦的旅程中焕然一新的，心中有梦想，生命才真实。

第十四章　通感——是谁开启了那扇门

科学松鼠会2009年出版了合集《当彩色的声音尝起来是甜的》，这名字听着香艳，如一枚青橄榄般回味无穷——如果你同意，那么你也有着敏锐的通感。各种感觉都不是孤立存在的，传递过程中难免相互“串门”。前面提到嗅觉会影响味觉，因为鼻腔和口腔相通，气味分子可以扩散；嗅觉也会影响视觉，葡萄酒品鉴手册上常常写着——白色花朵香味、红色水果香味、黑加仑子香味、青草香味等，让人忍不住一试为快。

中学课本里有一段描写唱歌：“唱了十数句之后，渐渐的越唱越高，忽然拔了一个尖儿，像一线钢丝抛入天际，不禁暗暗叫绝。哪知她于那极高的地方，尚能回环转折。几啭之后，又高一层，接连有三四叠，节节高起。恍如由傲来峰西面攀登泰山的景象……”。抽象的音符化作了栩栩如生的视觉图像，若非如此，我们怎能凭借文字去揣想动人的声线？类似的例子在日常生活中俯拾皆是。买围巾的时候说，这颜色真热闹；逗孩子的时候说，笑声真甜；批评人的时候说，这家伙很冷酷；拜年的时候说，日子越过越红火。诗词里的通感则显得别具一格：“平林漠漠烟如织，寒山一带伤心碧”“银瓶乍破水浆迸，铁骑突出刀枪鸣”“黑云压城城欲摧，甲光向日金鳞开”“花气袭人知骤暖，鹊声穿树喜新晴”。

钱钟书在《围城》中把通感发挥得淋漓尽致：“满天的星又密又忙，它们声息全无,而看来只觉得天上热闹。”“少顷,这月亮圆滑得什么都粘不上,轻盈得什么都压不住,从蓬松如絮的云堆下无牵挂地浮出来,原来还有一边没满,像被打耳光的脸肿着一边。”“范小姐像画了个无形的圈子,把自己跟辛楣围在里面,谈话密切得泼水不入。”“楼梯上一阵女人笑声,一片片脆得像养花的玻璃房子塌了,把鸿渐的反省打断。”“最初睡得脆薄,饥饿像镊子要镊破他的昏迷,他潜意识挡住它。渐渐这镊子松了、钝了,他的睡也坚实得镊不破了”。

钱钟书在《管锥编》中这样描述通感:“在日常经验里,视觉、听觉、触觉、嗅觉、味觉往往可以彼此打通或交通,眼、耳、舌、鼻、身各个官能的领域可以不分界限。颜色似乎会有温度,声音似乎会有形象,冷暖似乎会有重量,气味似乎会有体质。”最神奇的是,所有感觉都被打通,发出强烈的震撼力:凝视着铺天盖地鲜红的旗帜,耳畔仿佛响起嘹亮的集结号,胸中如烈火熊熊燃烧,似乎来到了硝烟弥漫的战场上;聆听着优美的小提琴曲,想到荷塘月色,薄雾缭绕、清香起伏、渐生凉意,恍然走入奇异的梦境。

“视”通八达

视觉是获取信息最多的感觉，也是通感最频发的地带。视觉中尤以色彩最容易引发通感：红色热烈而具有穿透力，代表着炽热阳光和生命能量释放，明亮的粉红唤起女性的细腻和甜美，暗沉的深红则隐藏着血腥和阴谋；绿色温柔而平和，象征着和谐的爱以及枝叶茂盛的繁荣，明净的翠绿令人身心安顿，深浓的墨绿色则暗示着蜷曲与退缩；蓝色象征辽阔天空和蔚蓝大海，是非常好的“净化”之源，清澈的蓝色带领人秉持远大理想，混浊的蓝色如暴风中的海浪粗野阴郁。除了这三原色，数千种色彩都有着独特的象征意义和情绪信息，你受其影响有多大，还看你的通感是否灵敏。

图形也会诱发通感——就拿最简单的线条来说，直线给人光亮、简洁之感，曲线有柔软、温和、富有弹性的感觉，折线有紧张和痛苦的意味。在此基础上，花草图案散发淡淡的清香，木纹图案有种厚实的触感，水波纹带有音乐般回荡的韵律，圆点给人糖果般的甜蜜，豹纹有灵活和野性，鹿纹显得温馨和平，螺旋形图案十分神秘。图形通感造就了中国的象形文字，汉字中的“冉”在甲骨文中写成“”，形容毛发柔软下垂的样子。汉字中的“喋”拆开意思就是“口述木片上记载的家世”，字形也显得烦琐聒噪。网络上流行的“囧”字，在古汉语里是光明的意思，你看它门户洞开的样子，不正是让光线照进来吗？不过在现代人的眼里它更像一张尴尬的脸，所以被赋予郁闷、无奈、难堪的含义。

具体事物的图像更能够激发通感。我们熟知“望梅止渴”的典故，由视觉转移到味觉，由味觉引起条件反射而“止渴”。假如梅子放在眼前当然效果更好，没有看到梅子，听见梅子也一样，听觉先转移到视觉，再到味觉，最后到渴觉，引发一系列感觉大串联。如今视觉传媒何其发达，通感被大量使用着。德芙巧克力的广告中，可可色的绸带在空中飘舞，如同细腻的巧克力在口中融化，少女轻盈的脚步如同踏出欢乐的音符，经典广告语“牛奶香浓，丝般感受”更是画龙点睛地应用了通感。泰国潘婷洗发水广告中，通感运用得比较隐晦，饱受歧视的聋哑女孩在田野里孤独地练琴，用心感受音乐，当她登台演奏充满激情的小提琴曲《卡农》，秀发伴随琴声飘飞，观众莫不感受到她的坚韧、纯真、闪亮。

“声”乐无限

听觉通感和视觉通感相比毫不逊色，早在春秋时期，伯牙和子期就以琴声为媒成了知音。伯牙鼓琴，志在山，子期曰“巍巍乎若泰山”，志在水，子期曰“洋洋乎若江河”，这两个人不仅都有通感，而且通感的切换还是一致的，真可谓心有灵犀一点通。换了我去听，就不知道联想到哪里去了。国乐向来以写景状物为长，《渔舟唱晚》《春江花月夜》《听松》《梅花三弄》《平沙落雁》等，都用旋律和节拍刻画出诗情画意。不过国乐大多是独奏，描绘出的风景如泼墨山水，神似形不似。西方交响乐则集合了各种乐器的长处，描绘景物如油画一般细致生动，饱满鲜活。

捷克作曲家斯美塔那的《沃尔塔瓦河》是其中的代表。这首乐曲反映出当地的母亲河——沃尔塔瓦河从源头到汇成洪流的历程。乐曲的开始用长笛的音色模拟寒流，用单簧管的音色模拟暖流，两股溪流从山涧涌出，小提琴清脆的拨奏、竖琴晶莹的泛音犹如飞溅的浪花在阳光下闪烁银辉。

溪流欢悦地向前流淌，渐渐汇聚成波涛翻滚的河水，河水经过一片茂密的森林，号角声引发人们对阴暗、广袤、神秘莫测森林的联想。当号角声在河水的喧嚣中消失，波尔卡舞曲奏出热闹喜庆的乡间婚礼，欢快的节奏传递出丰收的景象。伴随夜幕降临，竖琴拨响串串琶音，圆号以极其微弱的力度在长音上爬行，迷迷蒙蒙、水波荡漾的背景下，小提琴在高音区咏唱出晶莹优美的象征水仙女的主题。河水奔流，穿越峡谷，铜管乐器和定音鼓发出雷鸣般的吼声。河水终于冲出了险滩，暗淡的小调转为明朗的大调，波澜壮阔、满载喜悦地向前奔腾。最后，沃尔塔瓦河来到了离布拉格不远的城堡，所有的管乐器高昂地奏出古老城堡的主题，象征着悠久的历史和永恒的生机，河水滔滔向前奔流，渐渐地消失在远方……

音乐是美丽的语言，不受国界、种族的限制。语言何尝不是一种音乐，需要抑扬顿挫，起承转合。语言的产生同样得益于通感，声母为 m 的字常给人模糊的感觉，如秘密、渺茫、迷蒙、冥想、梦境等；声母为zh的字给人强调的感觉，如重要、中国、壮大等。汉语中感觉正向或强烈的字，开口度较大，如上、前、红、刚、强、响、香、烫、阳等；感觉负向或减退的字，开口度较小，如下、后、黑、柔、弱、闷、臭、冰、阴等。这使得汉语在朗读过程中更具有感染力。其他语言或多或少遵循这类规律。史无前例的电影《阿凡达》专门创造了纳美语，尽管我们听不懂里面的单词，却能感受纳美人的喜怒哀乐，猜猜 sa′ nu 和 tsam 哪个是“母亲”，哪个是“战争”，相信绝大部分人能用通感找到答案（sa′ nu 是母亲，tsam 是战争）。

“味”为大观

中国人对味觉的领悟更胜一筹，特色之一就是将五味融入五行理论，与五脏、五色等一一对应。例如甘味属土，多为黄色，在五脏中补脾；酸味属木，多为青色，在五脏中补肝；苦味属火，多为红色，在五脏中补心；辛味属金，多为白色，在五脏中补肺；咸味属水，多为黑色，在五脏中补肾。注意这里的甘并不是甜食，而是肉类、蛋类、人参、甘草的淡淡回甘；这里的辛也不是辣椒，而是白萝卜、葱白、金银花的辛辣味道。

中国古代祭祀用的是“大羹玄酒”，玄酒就是清水，大羹就是不加调料煮的肉汁，反映出人们在无滋无味中度过了漫长的岁月。大约到商周时期出现了比较成熟的调味理论，《礼记·内则》中说：“脍，春用葱，秋用芥。豚，春用韭，秋用蓼。脂用葱，膏用薤，三牲用藙和用醯，兽用梅。”秦汉饮食已经形成了各地的特色：北方重鲜咸，蜀地好辛香，荆吴喜酸甜。宋朝之后则真正形成了地方菜系，以致提到“莼鲈之思”就想起了太湖；提到“冰糖葫芦”就想起了北京；提到“刀削面”就想起了山西。我们如今品尝到各种美味佳肴，最容易想起的还是异地风光和故乡之情。

不过对于美食家来说，丰富的通感是感染听众的法宝，否则再好吃的东西除了赞一声“好”，还能怎样牵动跃跃欲试的味蕾呢？台湾作家韩良露

写“喝了令人心火蔓延”的冬阴功汤，娓娓讲起那个等候情人的泰国少女，从黄昏的集市上买来新鲜虾子，把红辣椒、香茅、柠檬、薄荷、南姜、椰丝等五彩调料细细切碎了，投入沸腾的虾汤。少女即将远嫁欧洲过另一种生活，昔日的爱情浓缩在这碗香气复杂的汤汁里，犹如斜阳依依不舍的余晖。或许女作家比较小资，查尔斯·兰姆写中国式烤乳猪就大气得多：“千万别把它叫做脂肪，那是长在皮下的一种无法用言语形容的珍馐——雪白的脂肪开放出的娇嫩的花朵，在含苞待放之际加以采集，在嫩芽初吐之时加以收割，还处在初生的天真无邪之中——这是由幼猪的纯洁养分所汇聚而成的精华。不是瘦肉，也不是肥肉，而是一种肉食中的吗哪。”很长时间里我把烤乳猪视为天物，吃过却觉得不过尔尔——恐怕不是厨师的手艺不好，而是我的感觉不够敏锐吧。

“嗅”出锋芒

气味飘忽不定，常常串到别的感觉上去：“晒过的被子有阳光的味道”通向了视觉；“微风过处，送来缕缕清香，仿佛远处高楼上渺茫的歌声似的”通向了听觉；“情人的蜜语那样芳醇，像落花飘在水上”通向了味觉；“小园烟景正凄迷，阵阵寒香压麝脐”通向了温度觉和触觉。

最好闻的气味还是香气，香有“暖香”“冷香”“暗香”“粉香”“甜香”“辛香”“脂香”之分，每一阵香气袭来仿佛把我们带入色彩缤纷的时光隧道。阳光气息的香味来自黄橙色的水果，如同大雨之后的热带果园散发出勃勃生机，无论什么时候闻到都会精神一振。花瓣构成的罗曼蒂克香氛，好似鹅粉色、柔白色、粉紫色和明黄色的露珠缀满枝头，有着水润润的青春甜美和天鹅绒般的柔滑触感。开阔草原的青草味是夏日午后的一缕微风，让焦躁的情绪顿时沉静下来，复归为自然之子在大地上徜徉。海洋香味融合了沙滩、海风和湛蓝海水的味道，中性而神秘，如同回归母体羊水的感觉，又如回到波光粼粼的大海的怀抱。这种香味比较冷，从宁静的中音降落到袅袅低音。还有一些香气，似乎总在夜晚掠过，如月见草、晚香玉和昙花的香气，在夜色的衬托下清澈透明，像少女含蓄的心事……香气承载着记忆中的点点滴滴，折射出各种感觉的奇光丽影。

即使不使用香水，每个人也会散发出不同的气息。一丝不苟的医生散发出来苏打水的味道，白发苍苍的老教授散发出书卷的味道，年轻的军人散发出血气方刚的味道，女中学生有栀子花的香味……每个人经过岁月提炼都有各自的味道，有时候我们遇见一个人，气味相投惺惺相惜，真是非常美妙的时刻。有时候我们敬慕一个人，仿佛闻到高雅脱俗的馨香之气，眼前一派春和景明新桐初引。也有时候闻到自己或对方身上散发出颓废、庸俗、贪婪、狡诈的味道，就该好好清洁一下了。

“触”类旁通

触觉是一种实实在在的感觉，不容易通往别的感觉，却容易被别的感觉“通过来”。例如从视觉到触觉，“何须浅碧轻红色，自是花中第一流”，“天阶夜色凉如水，卧看牵牛织女星”；又如从听觉到触觉，“绝缨尝宴琼楼杪，软语清歌无限妙”，“间关莺语花底滑，幽咽泉流冰下难”；再如从味觉到触觉，“薄酒旋醒寒彻夜，好花虚谢雨藏春”，“梅要新诗竹问安，粗茶淡饭有余欢”；还有从嗅觉到触觉，“彩丝茸茸香拂拂，线软花虚不胜物”，“小桃婀娜弄芳柔，红兰茁芽满春洲”。

这些诗词之中，有时难以细分到底是哪种感觉在交通——身临其境时各种感觉都在接受讯息，相互之间并非不能代替。例如触觉可以代替一部分视觉，失明的人靠触摸分辨物体的大小形状，以及光滑纸面上细微的线条。触觉可以代替一部分听觉，海伦·凯勒用手触摸对方的嘴唇能“听懂”对方在说什么。触觉还能代替一部分味觉，酸、麻、涩、辣可通过皮肤隐约

感知。触觉却不能替代嗅觉，一小块嗅上皮的缺失将使人永远无法捕捉气味分子，这两种感觉毕竟相差甚远——嗅觉如此朦胧缥缈，触觉如此真真切切。

触觉可以通向更深的感觉，比如摸到蛤蟆就觉得恶心，这是一种内脏感觉；摸到毛毛虫就浑身僵硬，这是一种本体感觉。视觉、听觉、味觉、嗅觉当然也可能和内部感觉相通，有些人听见划玻璃的声音就头痛欲裂，它太像祖先们听过的食肉动物的指甲在身后岩壁上摩擦的声音；有些人闻到的血腥气就天旋地转，它携带着生命流逝的死亡气息。不管怎么说，感觉的相通是有迹可循的，假如没有原因，联系又非常紧密，就变成了联觉。

联　觉

人人都有通感，却很少会有联觉。联觉是通感的最高境界，是必然发生的感觉"短路"，一种感觉直通另一种感觉的超级快车。小说《洛丽塔》的作者纳博科夫幼时便与母亲争论：字母"b"是黄褐色还是橘红色，字母"t"是黄绿色还是浅蓝色，显然他和母亲都属于联觉人。他看报纸的时候，眼前蹦出一大片五颜六色的颜色，假如报纸上印刷的"b"是天蓝色，他会觉得非常别扭。创作《洛丽塔》的过程中，他不仅是作家在捕捉文字，还如画家在涂抹颜色。

联觉对人的影响有利有弊。一位叫克里斯蒂娜的女子希望成为钢琴家，但是每当坐在琴前，手指碰触琴键的时候，一股强烈的色彩感就会冲击全身，好像遭受了电击一样。这让她不得不放弃了梦想。俄罗斯记者舍列舍夫斯基具备五重联觉，听到稿件的内容会立即看到颜色，闻到气味，并产生其他连带反应，感觉的相互强化使他拥有惊人的记忆力，能背诵长长的名单，几年后依然可以回想起所有内容。不过这种海量记忆力也给晚年的舍列舍夫斯基带来一些苦恼，因为他无法忘记大量琐碎的生活细节。还有著名物理学家费曼、作曲家李斯特都是联觉人。

联觉人的通感非常固定，无论何时听见铃声就会看见三角形，闻到巧克力的气味就会看见烟火。两者之间不可反向联通，铃声可以联到三角形，三角形却不会联到铃声；铃声和三角形之间没有逻辑关系，这也是联觉的独特之处。

两种感觉之间是怎么“联”上的呢？英国剑桥大学的科恩教授在《自然》上的研究文章认为，各种感知能力原本是融合在一起的，只是在成长过程中逐渐被分开。婴儿在牙牙学语时，常说一些毫无关联的词汇，这正是联觉的反映。早期大脑在外界环境的刺激下形成了很多突触连接，有些得到强化而保留下来，有些则在一定时间内退化，随着年龄的增长，大脑被修剪得越来越合乎逻辑，联觉通路渐渐消失。这么说，我们都曾经是联觉人，只是随着年龄增长慢慢失去了联觉，剩下那些继续保持联觉的人大约有$\frac{1}{30}$至$\frac{1}{250000}$——统计资料相差这么大是因为联觉没有准确的测量标准，很多联觉人都是非典型联觉。

感觉相通

无论通感还是联觉，都有赖大脑的神经回路，一种被人接受的说法是：感觉相通实际上是后天形成的条件反射。俄国科学家巴甫洛夫用实验证明：如果总是在喂食之前让狗听到铃声，那么过段时间只听铃声不喂食物，狗也会分泌唾液。这是因为大脑皮质感受铃声的区域和感受食物刺激的区域总是同时兴奋，久而久之两个兴奋灶之间建立了神经通路，无关刺激（铃声）也能引起和有关刺激（食物）同样的效应了。与之类似，日常生活中某些感觉经常相伴出现——看见火光就感到温暖，看见白雪就感到严寒，于是感觉之间就建立了通路。

不过，条件反射目标明确，通感则有时通向这儿，有时通向那儿。音乐家波萨科特说弦乐是黑色的，铜管是红色的，木管是蓝色的；指挥家高得弗来说长笛是蓝色的，单簧管是玫瑰色的，铜管是红色的——没法说谁对谁错。我们只能说脑中约有 860 亿个神经元，多达 10^{15} 个节点，星罗棋布，道路交错，并非只有一条捷径。

通感和联觉有时就是一种联想，而对于联想，现代的研究成果还乏善可陈。美国科学家坎德尔通过海兔（一种海洋软体动物）实验对简单的学习机制进行了初步研究，认为其与突触的结构和功能变化有关。科学家对于联想这种来无影去无踪的快速神经活动，还无法深入研究。此刻，只能把它想象成天边的一次流星飞渡，从永恒的神秘中浮现和消失。

感觉可以相互影响，可是，如果我们认为它们之间总是相互激发，就大错特错了。更多的时候，感觉之间是相互抑制的，比如我们看书的时候，希望周围环境比较安静；听音乐的时候，常常闭上双眼减少视觉干扰；轻嗅花香的时刻，不再关注花朵本身。这种“抑制”非常重要，否则我们的神经通路会像堵车一样混乱；对于某种具体感觉来说，“抑制”也很重要，我们不需要感觉过于强烈，而是适时适度就好。

感通天下

通感之所以被人们接受，在于人们拥有共同的感觉经验。2008 年北京奥运会的口号是：“同一个世界，同一个梦想”。地球的大部分地方都有春夏秋冬、风霜雪雨，构成人们产生共鸣的基础；不同民族和肤色的人在感觉功能上没有显著差异，也使得感觉交流得以实现。我们经常会在英文里发现和中文相似的表达方式，如：“a heart of stone”（铁石心肠），“spend money like water”（花钱如流水），“go west”（归西），“sail in the same boat”（同舟共济）等，令我们不禁感叹无论地域相隔多么遥远，人心中总有些东西是相通的。

我们还发现，人们对各种感觉现象的情绪体验非常接近：熊猫在全世界人的眼里都憨态可掬，苍蝇到了哪里都令人讨厌；好莱坞电影在全球各地的影院上映，噪声则是人人避之不及。由感觉引起的对美丑、善恶、真假的判断几乎有着同样的标准，即便各人的生活环境和性格不同，依然能够在同一个频道交流。这在荣格的笔下归因于集体无意识，在文学中归因于共通的人性，在宗教中归因于圣灵。

生而为人，其独特之处在于感觉不止于感觉，更唤起感情。花好月圆、山清水秀、柳絮纷飞、阴云密布……这些都不是单纯的写景状物，还融入了我们的心境。感觉不仅是感情的源头，还是感情的倒影，“我见青山多妩媚，料青山见我应如是”“谁谓伤心画不成，画人心逐世人情。君看六幅南朝事，老木寒云满故城”。这起伏跌宕的感情，是科学的悬案，是艺术的精魂，是绵绵不尽的人间悲喜，也将成为本书的最后一道风景——而最令人感动的是，每当仰望星空，看见无限浩瀚的宇宙，银河系在其中也不过是沧海一粟，亿万年前的光线破空而来，来赴你我今日眼中的天池，这是何等的心潮起伏、百感交集？

第十五章　情感——人类精神的花朵

人生世间即有情，无情何必生斯世？情感是人类的天赋，能带来莫大的满足，也能带来无量的痛苦，是世界上最不可捉摸的事物。正因为它的奇异馥郁，人们从未放弃对它的思索探寻，只是往往身陷其中，被漫天花雨所迷。如今我们谈到这神秘莫测的情感，且放下自己的喜怒哀乐，以客观公正、严肃认真的态度，一试这情感世界的内涵吧。

心理学上把人们对客观事物态度的体验叫做感情，感情包括了情绪和情感这两个方面。情绪是感情反映的过程，是喜怒哀乐这些形式，既可见于人类，也可见于动物。情感则是感情的内容，如对祖国的爱、对敌人的恨、对亲友的眷恋、对虚假的厌恶，是人类所特有的观念。情感通过情绪来表达，然而和情绪相比，它更加稳定、深刻和持久，更具有能量。

情感或许不能算作感觉，但是情感的产生离不开感觉，倘若不看、不听、不闻、不嗅、不触，人就如顽石一样何来情感？事实上，所有的感觉最终都牵连到情感——“感时花溅泪，恨别鸟惊心”，正是各种各样的感觉投影于脑海，才衍化出触动灵魂的万千情感。从进化的角度看，情感是适应环境的产物——当猛兽临近时，先民们血脉贲张奋力搏斗，慢慢就有了“仇恨”。打猎的成果互相分享才能更好地生存，慢慢就有了“友爱”。长期的共同生活使得彼此越来越默契，不愿意分离，慢慢就有了“依恋”。人类表情的出现使情感交流更加频繁，人际关系更加紧密，才有了繁荣兴盛的人类社会，我们今天所体验到的爱恨情仇，都是漫长岁月积淀下来的情感密码。

对同一件事物，每个人的情感可能是不一样的。例如北约和利比亚打仗，有人痛心疾首，有人无动于衷，有人唯恐打得不够过瘾。因为情感必须通过认知来完成，当认知结果是“战争会引起大量伤亡和北非政治危机，造成人类文明的浩劫”，就会痛心疾首；当认知结果是“利比亚离中国十万八千里，根本和自己不相干”，就会满不在乎；当认知结果是“那边的人倒霉就证明我比他们幸福，我在人类幸福的排行榜上无形中又上升了一位”，就希望仗打得越大越好，人死得越多越好。不同的认知有其根源，也成为社会冲突、人类悲剧的导火线。大千世界，万般情感，无论爱慕、信赖、关切、怜悯、蔑视、嫉妒还是怨恨，都是我们必经的情感体验。我们若能认识其中的线索，也许能更好地设计人生轨迹，一路欣赏到更多缤纷绚丽的花朵，而不困于枝枝叶叶的枷锁。

道 德 感

人之为人，最值得骄傲的就是自身的道德感。禽兽自相残杀、交媾乱伦，人就不可以。当然也有人干出比禽兽更野蛮、更残忍的举动，那时他内心的道德感不是被蒙蔽，就是在发出痛苦呻吟。二战期间，纳粹把成千上万的犹太人送进焚尸炉，同时也有不少纳粹党徒患上神经症，更多的则在战后反省、忏悔。当然也有的战犯是死不认错的，并非他们的道德感特别低下，而是他们把热爱本民族的感情置于一切道德之上，以此对抗道德感的压力。

考古学家发现：早在6万年前，居住在山洞里的尼安德特人已经学会照顾伤残者，为逝者哀悼，在坟上献花。从这伤感动人的行为中，我们可以找到伦理道德的起源，它带给人类希望，并维系着全体人类的生存和发展，虽然战争和暴力一遍遍摧毁文明的殿堂，但是整个社会却向着公平、民主、自由的方向前行，犹如飘洒在沙尼达洞中象征着重生的花朵。现今世界上绝大多数人秉持的人生信条是善良的：不可杀人、奸淫、盗抢、欺骗，要孝敬父母、关怀朋友、同情弱者、报效祖国……这些都是构成人类社会的基石，若非如此，人类将落得如鸟兽一般各自为政的局面。长久形成的道德感以“良知”的方式镌刻到基因里，近乎天经地义。

20世纪90年代，脑科学家发现了镜像神经元，这些位于大脑皮质的细胞能让人对周围人的反应感同身受。它们不仅会因自身的行为而兴奋，也会在观察他人时兴奋起来。这可以解释为什么我们看到周围的人开心时，会忍不住微笑；看到眼前的人受折磨时，也会吸一口凉气。美国社会心理学家菲利普·齐姆博多在斯坦福大学就这一课题研究了40年，他说：“并非所有人都会在危急关头挺身而出，往往是那些更能感受别人痛苦的人，会选择伸出援手。”

不过，良知和“共情”是否能发挥作用，还要靠后天的教育，即耳濡目染的行为方式和人生观、世界观的形成。通常在14岁后，道德感会通过理性思维的方式稳定下来，具有更强的对行为的控制力，人会按照内心道德标准行事，心安理得高枕无忧。但是，某些情况下，道德感不得不让位于现实世界的其他法则。卢旺达大屠杀中，胡图族部落的朱丽安娜被迫端起枪，指向朝夕相处的图西族邻居，如果她不开枪，她的族人就会认为她是叛徒，她的6个孩子可能被杀死，那是更加令人恐怖的事。朱丽安娜只是一个再普通不过的个体，她在危急时刻做出的选择，使她一生都无法逃脱道德感的拷问。

更多时候，人们面对诱惑主动背弃了道德感。权力、金钱、美色当前，道德感成为横亘在路上的绊脚石，到底还要不要坚持？许多人都面临过这样的抉择。《圣经》记载：撒旦把耶稣带到山上，把万国和万国的荣华都指给他看。撒旦说："你若敬拜我，我就把这一切都给你。"耶稣说："撒旦，你退后吧。"这句话深深触动我，显现出坚若磐石的力量。在我看来，宗教并非迷信，而是唤醒人类良知的警钟，假如没有道德感，人人自谋其利，奔走尘世是多么危险的路途。爱因斯坦曾对二战后的欧洲说："造成这一切悲剧的主要原因，是因为多数人的道德和智慧，与那极少数真正为人类创造价值的人比起来，是十分低下的。"这话虽然偏激，但是想到二战时各国为了自身利益打得不可开交，大批民众甘心成为独裁者的工具，难道不值得反思吗？我们的时代仍有战争、饥饿、环境污染、能源危机、贪污腐败、贫富不均，这些现象何尝不是根植于人的贪婪与自私，道德感的建立不仅关乎个人、集体、民族、国家的发展，更关乎整个人类的未来。

美　感

人类独特的审美历程创造了美感，从青铜礼器到魏晋书法，从万里长城到埃菲尔铁塔，无不渗透着人们对美的感悟。美究竟是什么？它是人类的一种心理感受，主观意识对审美对象的能动的反映。据说埃菲尔铁塔待建之初，巴黎市民纷纷写信给政府，反对建这么一座"丑陋的大烛台"，反对者包括莫泊桑和小仲马等名流，但是埃菲尔铁塔最终落成了，觉得它美的人还是占大多数。

人们靠什么评价事物的美丑？柏拉图曾经希望找到一个共同理式（理想公式），把这个理式放到审美对象上，它就是美的。那么“美的理式”又是什么呢？柏拉图试图用“有用的”“恰当的”“有益的”“视觉和听觉产生快感的”之类的词汇来论证它，但都被自己推翻了，只能得出“美即美本身”这样形而上的结论。历代哲学家、思想家前赴后继地苦苦思索“美是什么”这一命题，迄今无人道出美的本质。马克思在《1844年经济学哲学手稿》中说，人的感觉是世界历史的成果，由社会实践所造就。原始人有着更敏锐的视力，却不能欣赏达·芬奇的《蒙娜丽莎》，因为他的眼睛是用来发现猎物的，和动物一样完全是功利性的。当人类不再受单纯的生理欲望支配，审美就诞生了。审美既是个体的，又是社会的；来自感性，又超越感性；融合着感官愉悦、认知接纳、心神交融等复杂的心理活动。

心理学实验发现了一些美学法则，比如椭圆形比圆形更受欢迎、黄金分割的线段最受人喜爱，但是人类复杂的审美经验很难归结为对简单形状的情感反映，我们一个劲追问“什么才是美”的时候，就已经背离了美感那自然而然的发生。就好比，古人邂逅美貌女子，叹一声“清扬婉兮，适我愿兮”，令人想见芳华；现代人选美要求展示三围、对五官设定标准，弄得千人一面，如同橱窗里的假人。我们若求美，该求属于自己的天然之美，或如牡丹雍容，或如秋菊淡静，都是表里合一的丰神楚楚。我们若审美，就要用单纯的内心去感受，才能体会到万物的多姿多彩，美不胜收。

当然，审美的能力是值得修炼的。初级的审美是悦耳悦目，包括其他的感官愉悦。这种美来得最直接，也最容易疲劳。再好吃的东西，天天吃就腻了，再美丽的衣裳，天天穿也不觉得美了，于是今年流行长裙，明年流行短裙，潮流不断迎合人们喜新厌旧的审美倾向。较高级的审美是悦心悦意，比如看齐白石的画，感受到的不仅是草木鱼虫，更有清新放浪的生活意趣。听《二泉映月》的曲子，感受到的不仅是婉转琴声，更是百转千回的柔韧和坚强。这些审美过程中，人的杂念得到释放和宣泄，心灵得到洗涤和成长，审美对象从普通事物上升为艺术。最高级的审美是悦志悦神，黑格尔在《历史哲学》中说：“大海给我们以无际与渺茫的无限观念，而在海的无限里感到自己的有限时，人类就被激起了勇气去超越那有限的一切。”天地有大美而不言，人类从中得到无限启示，最优秀的文学和艺术作品也带给人这样的崇高美感。中国哲学一直追求这种天人合一的美，《周易》有辞“天行健，君子以自强不息；地势坤，君子以厚德载物”，孔子说“逝者如斯夫，不舍昼夜”，凝望着时间和空间的极限，达到《道德经》中“大音希声，大象无形”的境界。

理 智 感

人类自孩提时代起就充满了好奇心，总是试图拆开玩具，探究里面有什么机关；也喜欢提问，对各种事情表现出极大的兴趣。有的孩子甚至撕开蜻蜓的翅膀，卸掉蝗虫的腿，倒也不能说他们生性残忍，而是他们很想知道生命究竟是什么。对于未知事物的探索有时是以破坏为代价的，人类对地球的破坏可真是远远超过了其他生物。当然，我们不想也不能回到愚昧无知的原始社会，而是希望通过理智找到重建伊甸园的图纸，让世间万物恢复秩序，各按其时，成为美好。

智力活动中所产生的情感体验就是理智感，它包括面对问题感到的惊讶、怀疑、自信，以及解决问题时的喜悦。古希腊的数学家毕达哥拉斯发现勾股定理时，高兴得手舞足蹈，宰了100头牛来庆祝，此定理故又称百牛定理。试问这定理的发现有什么实用价值吗？毕达哥拉斯并不知道，他所体会到的只是苦思冥想时的疑惑重重，以及窥见天机的极度喜悦。如今人们拥有着比古代科学家丰富得多的知识，理智感的体会却极为缺乏，海量信息日夜灌输入我们的头脑，我们来不及自己去发现和思考。本当以培养独立思考和探索精神为目标的大学，却因为升学率和就业率的压力成为生产“空心人”的工厂，输出大量仅仅掌握某些技能却缺乏判断力、想象力和创造力的年轻一代。

并非只有理科才需要理智感，“朝闻道，夕死可矣”，孔子“读易，韦编三绝”，“深解义趣，涕泪悲泣”，这些都是人们在寻找真理的过程中感到的艰辛和满足。人和动物最大的区别在于厚厚的大脑皮质，提供进行各种思维活动的场所，小到穿衣吃饭，大到宇宙蓝图，大脑皮质中140亿个神经元足以让我们做出比巨型计算机更高超的运算。有些人通过思考，心智渐渐成熟，思维越来越明晰；也有人却随着年龄的增长思维越来越僵化，越来越偏激，他们要么放弃了纯正的精神生活，一味依从世俗的标准，要么陷入狭隘的生活圈，只求暂时的舒适与安稳。如果你希望成为自己的主人，就必须培养自己的理智感。它包括对真理的渴慕——无论自然科学还是社会、人文科学；包括对知识的归纳、推演、分析——这是耗费脑力的过程，却也无限风光在险峰；包括对自身的反省和规划——我们最大的光荣，就是合理而恰当地完成了自己的生命，没有任何一个人可以代替“我”而存在，回首往事“我”不应感到懊悔和羞愧。

现在我们可以看到：理智感求真、道德感求善、美感求美，人类的最高级的情感便是追求真、善、美的历程。真善美在绝大多数时刻都是彼此包含、相得益彰的，然而有时候，美的不一定真、真的不一定善，科学、宗教、艺术各擅胜场，不能求全责备。如果人类情感就是这三者的话，人生实在是幸福的源泉，天堂早已降临在人间，可惜人类感情并不止这些，它必然隐藏着弱点，成为人生路上的种种考验。

安全感

人本主义心理学家马斯洛提出了闻名的需要层次理论，他列出的需要层次依次为：生理的需要、安全的需要、爱和归属的需要、尊重的需要和自我实现的需要。当生理需要被大部分满足之后，第二层次的需要就出现了，个体寻求环境的安全、稳定，并采取各种措施建立安全感。这种安全感是“一种从恐惧和焦虑中脱离出来的信心、安全和自由的感觉，特别是满足一个人现在（和将来）各种需要的感觉”。

安全感来自物质和精神两个层面，物质上的需要是衣食无忧，保证现有的生活水平不下降，最好能拥有越来越多的物质财富。有些“穷怕了”的人会变成斤斤计较的守财奴，因为对他们来说，只有钞票和存折上的数字能提供平稳生活的安全感。精神上的需要是对可能出现的危机的可控感，例如：天不会塌下来，妈妈不会离开我，爱人不会背叛我，单位不会辞退我，人们不会讨厌我……人都有一种恐惧，害怕自己在这个世界上不受欢迎，这种爱和归属的需要同样建立于安全感之上。

缺乏安全感的人往往感到被拒绝、受歧视，感到孤独、危险和焦虑。他们倾向于将他人视为坏的、恶的、自私的，对他人抱不信任、嫉妒、敌视的态度。他们也可能因为缺乏安全感而加倍努力工作，或者狂热地寻求人际支持。寄居贾府的林黛玉总爱使小性子，贾宝玉对她越好，她就越不敢相信这种爱是真的，这就是缺乏安全感的表现。随着宝黛恋情的加深，林黛玉从怀疑、回避逐渐过渡到要求补偿：我要牢牢抓住你，一刻见不到你，就不知道你是不是去找宝姐姐、史妹妹了。假如你想抛弃我，我一定要先抛弃你，这样我就不会被抛弃了……所以，当她听说宝玉要娶宝钗为妻，立刻就“苦绛珠魂归离恨天”了，以最决绝的方式把整个尘世一起抛弃。

安全感的建立与幼年经历有关，婴儿如果受到父母或其他看护人的良好照顾，尤其是母亲对婴儿采取慈爱的态度，并且这种慈爱是经常、一贯和可靠的，婴儿就会觉得舒适与满足，产生最初的安全感，对周围的世界产生信任和期待。如果父母对儿童实施直接或间接的支配，对儿童的需要缺乏尊重和指导，表现出轻蔑、冷漠、争吵、溺爱、不守信用、不负责任等，都会使儿童对父母产生敌意，但由于儿童自身的渺小无助，必须依赖父母并压抑敌意，于是就把敌意投向整个世界，认为世间的一切事物对他们来说都充满了危险，这就导致了不安全感的产生并转化为焦虑。希特勒若不是天生的恶魔，就是缺乏安全感而与世界为敌的不幸代表，强悍冷酷的父亲和逆来顺受的母亲使他一直仇视父亲而对母亲爱恨交织，这也反映在其日后对“欺压过德国的”欧洲列强和犹太民族的报复，以及有计划地摧毁那“已不再值得我奉献”的德国。

童年经历和安全感当然不是铸就人生轨迹的唯一因素。同样早年丧父、丧母或生长环境堪忧，成为伟人的也大有人在。孔子、孟子、刘秀、张衡、诸葛亮、陶渊明、玄奘、范仲淹、岳飞、成吉思汗、释迦牟尼、亚里士多德、但丁、达·芬奇、米开朗琪罗、哥白尼、笛卡儿、牛顿、卢梭、巴赫、莫扎特、马丁·路德·金、高尔基、托尔斯泰、曼德拉、居里夫人……名单还可以一直延长，而少了这群人，人类的天空将何等黯淡。童年时代的缺失可以成为后天奋发的动力，人的自由意志更是书写着人生的种种可能，没有谁的命运能被他人断言。

存 在 感

“我来自偶然，像一颗尘土，有谁看出我的脆弱……”这首歌的开始，把人描绘得无限渺小，仿佛这样才能心存感恩，谦卑到底。我想说的是：人对自身位置的判断，对与社会体系中其他成员关系的判断，是一种存在感。

这种存在感在现今社会扮演着越来越重要的角色，由此可以解读很多日常行为后面的深层动机。

人是群居的动物，必然在群体中占据一定的位置。如果这个位置高高在上，引人瞩目，心里就获得满足；如果这个位置默默无闻，任人践踏，心里就感到委屈；为了存在感的需要，即某种尊重与自我实现的需要，人们开始对“名利”的追逐。名利不仅使人吃饱穿暖，还可以在心理上占优势，说起话来底气十足。在名利的驱使下，读书的目标是做官，做官的目标是迁升，如果做不了官就要做财主，至少可以享受妻妾成群的拥戴。如果不幸生为女人呢，虽然无法在旧的社会体系中获得承认，至少可以在家庭体系中力争上游。最具代表性的就是历代的嫔妃制度了，皇帝占有了一大群女人，为防这群女人吃饱了没事做，就设下各种等级，各种头衔，让她们勾心斗角、献媚邀宠，皇帝自然可以高枕无忧了。

等级制度绵延数千年，终于被民主政权取代了，但是社会阶层的划分依然显著。当官有科长、处长、厅长、部长；经商有主管、经理、CEO、董事长；做学问有助教、讲师、副教授、教授。这些职位设立有合理的一面，因为人的能力有大小，责任有轻重；也有不合理的一面，它把人安置在不平等的台阶上，要上位，就得把竞争者挤下去，人性的残酷和冷漠在激烈竞争中暴露无遗。社会分级更无情的是，它把每个人都贴上了标签，以致我们介绍某某人，首先就是他的级别，好像这才是最重要的。每个人心里都被贴上无形的标签，除非站在金字塔的顶层，一切顺风顺水，否则就感到存在感的焦虑。在这个社会排序系统里，少有人敢于放手追求自己的梦想，大多数人都是被人群推着，去追求那金光闪闪却并非真心喜欢的塔顶。

如今国人把“成功”二字看得何等重，以致子女从小被灌输的思想就是要“赢在起跑线上”，步入社会后更是随时上紧发条，争取在跑道上一马当先。他们怎么可能理解陶渊明那种“结庐在人境，而无车马喧”的意境，以及巴菲特所说的：“很多时候，拥有越多财富越会沦为财富的奴隶。我最珍视的财富，除却健康，还有那些幽默有趣、个性多彩、长久相伴的朋友们。”

在我看来，一个人做了自己喜欢的并且于人有益的事，就已经非常成功，所谓名利不过是成功之后的副产品。巴菲特的梦想是“帮助更多的人实现梦想”，比尔·盖茨的梦想是“让全世界每个人都能用上电脑”，他们并非以赚钱为人生的最大目标，却成为世界上最富有的人。不仅如此，他们还慷慨地捐出了自己的财富，实现财富的最大价值。这些善行背后的动机，你可以说出于道德感，也可以说出于另一种形式的存在感。他们已经不需要金钱来证明自己的存在，而是需要善行来体现自己的价值——这没有什么不好，我们每个人心在哪里，世界就在哪里，当你的内心足够强大，就可以跳出狭小的生活圈子，看见更广大的人生，并拥有那种在广袤土地上扎根的存在感了。

爱

各种情感之中，爱最为强烈，也最不可思议。爱既可指向死亡——文学作品中充斥着爱与死的主题，也可指向新生——让人心的荒漠重新绽放绿色生机。爱究竟是什么？科学做不出解释，哲学给不出答案，艺术对“爱”倒是情有独钟，但是越说越糊涂，宗教对爱的诠释颇多分歧，比如佛教多把爱归结为欲望，是修行者需要断然舍弃的。佛偈中说：“伐树不尽根，虽伐犹复生；伐爱不尽本，数数复生苦。犹如自造箭，还自伤其身；内箭亦如是，爱箭伤众生。”基督教则把爱放在无比崇高的地位，说：“如今长存的，有信、望、爱，其中最大的是爱。”

近代对“爱”做过深入探讨的，当属德国心理学家弗洛姆，他所著的《爱的艺术》自出版之日起就在世界各地畅销不衰。书的前言中写道：“阅读本书一定会让那些想在爱的艺术中得到简单诀窍的读者大失所望……这本书是要让读者相信：如果不尽自己最大的能动性去发展自己的整个人格并以此达到一种创造性倾向，那么所有爱的努力都注定要失败；如果没有爱自己邻人的能力，如果没有真正的谦恭、真正的勇敢、真正的信心和真正的自制的话，那么人们在个人的爱中也就永远得不到成功。”弗洛姆明确地建立了爱的理想模型，旗帜鲜明地倡导什么是“好的爱”，什么是“不好的爱”。在他看来，爱有三种主要形式：第一种是接受-剥削型爱，要求对方为自己付出，自己却什么也不付出。第二种是囤积-交换型爱，自己付出之后要求对方回报。第三种是艺术-创造型爱，这样的爱是主动付出，就像太阳照亮了月亮，月亮照亮了大地一样，用爱激发起对方内心的爱。弗洛姆认为第三种爱才是真正的爱，并且值得像艺术实践那样不断地修行。修行的方式包括：规范、专心、耐心、高度关注，修行者需要克服自恋，保持客观，保持信仰，积极行动。《爱的艺术》展现了一个美好的心灵伊甸园，并指出了通往伊甸园的道路。但是弗洛姆本人也不得不承认，现实世界中充斥着假爱，践行爱的艺术是一场真实的冒险。

每个人都渴望爱，有多少人愿意去思考爱的真谛，践行爱的道路？有些人在遭受挫折之后放弃了，转向寻找更加容易获得的物质享受或虚假的爱。有些人依然播撒着爱的种子，耕耘着心的土壤，也许在不知不觉之中，爱的花朵已悄然绽放。那些被一己之私蒙蔽双眼的人无法体会，爱像阳光一样无条件地倾洒下来，浇灌在所有需要爱的人心上。在爱中，只有在爱中，人类建造了真实的精神家园，任凭死亡也无法撼动。《哥林多前书》说：爱是恒久忍耐，又有恩慈；爱是不嫉妒；爱是不自夸；爱是不张狂，不做害羞的事，不求自己的益处，不轻易发怒，不计算人的恶，不喜欢不义，只喜欢真理；凡事包容、凡事相信、凡事盼望、凡事忍耐……这就是爱么？这岂不就是爱么？它的伤痕中有最殷切的祝福，它的缄默中有最奇妙的倾诉，在历世历代以先，它已经如一颗神圣的种子萌发于人心的荒漠，在千秋万代之后，它必见证这世间的传奇直到天地的翻覆。

爱是我们唯一的信仰。

爱是永不止息。

尾声——感知生命的灿烂

我在住院部实习的时候，曾经接诊过一位自杀未遂的上校军官，他始终不说话，眼睛注视着窗外的梧桐叶。那是个阴雨的夏天，串串滴落的雨珠，像一颗颗折射着阳光的水晶球，在黯淡的树影里熠熠生辉，潮湿的空气中涌动着夏日特有的繁茂气息。也许他身上特有的军人气质震慑了我，我不敢轻易挡住他的视线，也不敢追问，他眼中的世界成为我心中永远的谜，直到他出院，水滴聚集涨满滴落的画面永远定格在那个瞬间。

许多年后，我从实习医生转变为大学教师，生命中仍有很多谜是不能用简单的加减乘除来演算的。吸引我始终对世界抱着期待和喜悦的，是那种孩童般的对美好事物的感受。我会选择一天好好地看风景，在熟悉的校园里寻找奇异花草和明朗笑容，夜晚仰望星辰追忆璀璨的银河。我会在某个晚上播放心爱的唱碟，让歌声带我远行，去古老的王国采摘梦中的花朵。美食更是我长久以来的关注点，关于营养的知识带给我许多与人分享的快乐。偶尔把玩包藏在小巧玻璃瓶里的精油和香水，如穿行在翡翠山谷的透明蝶翼，以微香唤醒莫名的情愫。

有谁，不是通过感觉来热爱生命呢？如果喜欢旅行，是陌生的城市和乡村带来前所未有的鲜活视听；如果喜欢阅读，是书籍引导我们寻找更加精彩的生存体验；如果喜欢运动，是身体舒展自如的感觉促进多巴胺分泌；如果喜欢一个人，是因为美好的感觉通过分享而更加愉悦——因为爱你而爱自己，因为爱你而更爱这场生命。

我知道生命是无与伦比的，从未希求就白白地赐予。我也知道生命不是无止境的契约，可以日复一日无限更替。如果可以许下心愿的话，我愿在有限的时间里体会更多更深更丰富更快乐的感觉，也盼望和更多的朋友一同领受。这华贵的礼物此刻就摆在我们面前，只要你愿意，请轻轻地、轻轻地将它开启……